传播与国家治理研究丛书

新媒体时代的政府公共传播

朱春阳 著

复旦大学出版社

总　　序

李良荣＊

新媒体正在广泛、深刻、持久、全方位地改变着世界。

新媒体凭借何等魔力能以如此广度、深度、速度改变世界？无他，新媒体对人类的本质意义在于通过技术把赋予人民的传播权利（Right）变成了传播权力（Power），真正实现了任何人在任何时间、任何地点都可以公开发布任何信息和意见。由此，公共传播由过去被极少数人所垄断的局面演绎成为全民的狂欢、众声喧哗，宣示了互联网时代的来临。从而，信息流量、信息流速、信息流域、信息流向都以几何级数增大、增强，水银泻地般浸润着、冲击着、影响着政治、经济、社会、军事的方方面面。

按照马克思主义的基本观点，作为当今世界先进生产力的典型代表，异军突起的新媒体，必然引发生产力和生产关系、上层建筑和经济基础的调整。当今中国的种种变化，都是这种深层社会关系调整的表征；而且必须顺应这种关系的调整才能窥得未来的方向。

在新媒体引发当代中国的种种变化中，十分突出的一点是：新媒体为中国的各级政府塑造了全新的执政环境。

这种全新的执政环境，以一句形象的话表达就是：过去政府"说一不二"，现在大众"说三道四"；过去政府"吆五喝六"，现在大众"七嘴八

＊ 李良荣为复旦大学特聘教授、博士生导师，传播与国家治理研究中心主任。

舌"。这种改变表明过去"一种意见"、"一言堂"、"舆论一律"的"一元化"执政格局已经不复存在,显现出了政府的一元意志与社会各种群体利益的多元诉求之间的张力与冲突。如何降低摩擦、推动社会理性进步?这其中,传播的力量不容忽视。

政府必须保证政令畅通才能顺利行政,这需要传播的力量。

当今中国早已形成多元化的利益格局。针对政府政策,不同的利益群体有不同的诉求。这种诉求,过去只是私底下的"牢骚",现在已经成为公开的表达,甚至向政府叫板。这样一来,政府必须在与众多意见的博弈与协商中才能达成基本的政治共识、社会共识。这也需要传播的力量。

然而,这也是党和政府自建国以来从未遇到过的新问题、新挑战。这样新的执政环境,倒逼着我们的党和政府提出了"国家治理体系和治理能力的现代化"这一政治改革新目标。这一"现代化"被认为是继"工业现代化、农业现代化、国防现代化、科学技术现代化"之后的"第五个现代化",对于我国未来的发展目标与路径都有着极其重要的意义。

本系列丛书就是以"推进国家治理体系和治理能力现代化"为目标,中心议题是讨论新媒体传播对于国家治理带来的挑战与机遇,服务于党和政府在新的执政环境下治国理政方略的变革。

这是新的课题、新的探索。我们的书中观点难免有幼稚之处、也可能会有偏颇,但我们会继续前行。

2014 年 10 月 26 日

目 录
Contents

第一章　我们如何研究政府公共传播 / 1
 第一节　政府与传播：基于数据与案例的反思 / 3
 第二节　中美"政府—媒介"关系框架考察 / 12
 第三节　政府公共传播研究的价值坐标 / 20
 案例一　"@上海发布"的沟通策略 / 37

第二章　政府为何需要公共传播 / 44
 第一节　政府是谁：公共管理视野下的政府角色定位 / 46
 第二节　政府公共传播的价值目标分析 / 55
 第三节　新时期我国政府公共传播演化的动因分析 / 59
 第四节　当前我国政府公共传播面临的主要问题 / 65
 案例二　哈尔滨"阳明滩大桥坍塌事件"的舆情演化 / 74

第三章　政府公共传播：渠道比较与优化分析 / 79
 第一节　我国政府与大众传播渠道关系的特殊性 / 80
 第二节　我国大众传播渠道的优势与劣势 / 83
 第三节　西方政府如何利用大众传播渠道 / 88
 第四节　政府公共传播：非大众传播渠道的使用与合作 / 94
 第五节　政府公共传播渠道的优化战略 / 107
 案例三　郑州"@西瓜办"的经验 / 118

第四章　政府新媒体传播：如何跨越"数字鸿沟" / 124

第一节　跨越"数字鸿沟"：政府公共传播新起点 / 125

第二节　当前新媒体传播：现状与特征 / 141

第三节　数字鸿沟：政府新媒体传播面临的挑战 / 159

第四节　打通两个舆论场：政府新媒体传播的创新方向 / 168

案例四　会理县悬浮照事件：政务微博互动模式的探索 / 183

第五章　网络群体性事件中的政府公共传播创新 / 190

第一节　网络群体性事件：新媒体时代政府公共传播研究的样本 / 191

第二节　网络群体性事件的政府议程演化与存在问题 / 195

第三节　网络群体性事件中政府公共传播面临的挑战 / 202

第四节　网络群体性事件中政府公共传播创新的分析框架 / 207

第五节　网络热点阶段的政府公共传播创新 / 213

第六节　网络群体性事件"事中"阶段的政府公共传播创新 / 225

第七节　网络群体性事件"事后"政府议程管理创新 / 238

案例五　云南"躲猫猫"事件 / 242

参考文献 / 246

后记 / 250

第一章

我们如何研究政府公共传播

以互联网、手机为代表的新媒体的崛起使大众传播与信息传播权力关系发生了革命性的变化,并深刻地影响着现实的政治运行过程。作为政治传播研究的主要代表人物,Jay G. Blumler 将这种基于新媒体的政治传播称为第三代政治传播。在他看来,第一代政治传播以政党控制为主,主导了"二战"后的二十年;第二代政治传播以覆盖全国的广播网为政治传播的主导媒介,始于 1960 年代;第三代政治传播则以新媒介为重要手段,政治传播媒介向立体化发展[1]。那么,以互联网为代表的新媒体对政治活动的影响如何呢?按照赵鼎新的观点,尽管互联网是电视之后改变人们生活的一个最为重要的传播技术突破,而且一经出现马上就被运用于社会运动的动员;但传统媒体能够对社会产生根本性影响的原因在于当时信息较少,而互联网诞生于信息爆炸时代,只不过是放大了信息爆炸的规模;互联网上的虚拟社会在兴趣和利益上高度分割,很难在网上协同做一件事情;因此,互联网对于以社会运动为代表的社会政治生活的重要性可能不会有许多学者想象的那么大[2]。而另外一批研究者却持几乎相反的观点,他们认为互联网带来

---

[1] Jay G. Blumler and Dennis Kavanagh. The Third Age of Political Communication: Influences and Features//In Denis McQuail (Eds.), *Mass Communication*: II, Sage Publication,2007:pp. 46-48.

[2] 参见赵鼎新:《社会与政治运动讲义》,社会科学文学出版社 2006 年版,第 271—273 页。

的是一场影响力巨大的"新媒体革命"。例如,基于互联网对中国政治影响的现实观察,李良荣认为,互联网是继文字、印刷术、电报以后人类的第四次传播革命,本质上是传播资源的泛社会化和传播权力全民化,以"去中心—再中心"为基本特征,从而形成全新的执政环境①;同时,网络问政推动权力在阳光下运行,互联网改变了公众政治参与可能,"老百姓终于有了可以说话的地方",这背后凸显的是大众政治的勃兴②。

其实,关于新媒体对政治活动影响的研究分歧还不仅仅于此,他们已经明确分成两种截然相反的观点:一种是乐观主义的,一种是悲观主义的③。乐观主义者认为,新媒体促进了政治组织与公民的双向传播,改变了传统政治传播中自上而下的传播;积极的参与式民主和公民控制可以建立在政治组织和公民的互动性基础之上;新媒体能够促进积极的公民社会的产生,并给民主政治注入新的活力;新媒体传播更加丰富、更加多样的政治信息,公民通过掌握丰富的政治信息可以避免受到操纵,进而使社会更加民主;新媒体可以促进多元民主的发展,公民身份趋向于地方化和局部化;新媒体在全球内的互动性传播,可以形成多元主义的世界大同,而民族国家将被地方主义和世界大同所代替。悲观主义者却认为,虽然新传播技术促进了互动式的双向传播,但自上而下的单向传播并未被取代;公民仍然不能成为积极的传播者,仍然是受到职业传播专家的操控;社会精英仍然像操控传统媒介那样操控新媒介,从而对人们进行说服、宣传、教育、哄骗和操控;新媒体只是强化了传统政治,而不是建立起不同于传统的新型参与政治;即使建立起了直接民主,但也产生"虚假参与"的消极后果;新媒体政治不是促进多元民主,也不是产生世界大同式的民主;看似民主的公民投票,也是精英操纵的、带有偏见的参与;公民身份的地方化和局部化,使职业的政治传播

---

① 参见李良荣、郑雯:《论新传播革命》,《现代传播》2012年第4期。
② 参见李良荣、张盛:《互联网与大众政治的勃兴》,《现代传播》2012年第3期。
③ 参见刘文科、张文静:《第三代政治传播及其对政治的影响》,《西南政法大学学报》2010年第5期。

专家更易于进行有针对性的政治传播,目标更为明确,动员更为有效。

我们认为,上述两种观点对于认识新媒体传播的价值都有参照意义,并提醒我们在判别新媒体对政府公共传播的具体影响时更加审慎。就本书而言,我们则遵循"国际视野、经验出发、落脚中国问题"的基本研究取向,更强调对新时期政府公共传播的实际演化经验以及当代中国政治传播的独特问题的特别关注,并在此基础上检讨既有研究结论的价值所在。因此,经验取向和问题导向将作为本书的核心研究价值取向,也是我们开展研究的逻辑起点。在这一研究取向下,我们观察发现,伴随国家治理体系与治理能力现代化的不断尝试,新媒体正在推动我国社会从传统秩序向现代秩序加速转型,上述关于新媒体传播的"乐观主义"的看法在我国政治传播活动中得到了较多的佐证,政府公共传播正面临一个从"独白"到"对话"的转变过程,而我们的核心任务亦在于从这一纷繁复杂、曲折反复的演化过程中发现政府公共传播的核心问题和有效经验,并将之抽取出来,探索一条政府跨越"数字鸿沟"的可能通路。

第一节 政府与传播:基于数据与案例的反思

美国总统托马斯·杰斐逊在1787年说过:"民意是我们政府的基础,所以首要目标是维护这一权利。如果由我来决定我们是要一个没有报纸的政府还是没有政府的报纸,我将毫不犹豫地选择后者。"[1]时至今日,大众传播媒介已经远远不止报纸一种形态,而政府和大众传播媒介的关系仍然是政府公共传播研究所关注的焦点问题。和西方大众传播业奉行商业体制和公共传播体制不同,我国传媒业自从新中国建立以来实行的是国有体制,即全部大众传播媒介都属于官方媒体。此

---

[1] J·赫位特·阿特休尔:《权力的媒介》,华夏出版社1989年版,第32页。

外,我国在1983年由外交部率先设立新闻发言人,并于2003年SARS危机后,在中央和地方各级政府部门全面建立起了这一制度。2008年,我国《政府信息公开条例》正式颁布,成为推动政府公共传播的重要法规依据。伴随着互联网在我国的快速普及,非官方背景的网络传播平台开始兴起,并聚合成为新的传播权力中心。在这一新的传播权力格局下,如何处理好政府与官方媒体、非官方网络媒体等多层次传播关系,实现有效传播,不仅考验着既有传播管理体系创新能力,也成为国家治理体系与治理能力现代化的核心议题。回应这一问题,需要我们回到"政府与传播"这一政府公共传播研究的起点问题。

一、三组数据:政府与传播的复杂现实

政府与传播的关系现状如何? 我们先来看看三组数据。

数据1

据2006年的一项国际舆论调查结果[①]显示,相比政府传播的信息,人们更加信赖媒体报道的内容。这项调查由英国BBC、路透社和美国"媒体中心"发起,涉及全球10个国家的公众;其中,公众对媒体的信赖度(61%)超过对政府的信赖度(52%)。调查对象为韩国、美国、英国、德国、俄罗斯、巴西、埃及、印度、印度尼西亚和尼日利亚等10个国家。信赖度在各国之间有很大的偏差。在尼日利亚、印度尼西亚、印度,公众回答显示为更加信赖媒体;而在美国、英国、德国等国家,公众对政府发表的信息则更为信赖。韩国是唯一对政府和媒体的信赖度完全相同的国家,两项数字均为45%,都要低于调查显示的世界平均水平。在信息接触渠道选择上,各国则表现出非常明显的差异:美国主要是通过电视(50%)、报纸(21%)、网络(14%)获取新闻;英国依次是电视(55%)、报纸(19%)、电台(12%);德国依次是报纸(45%)、电视

---

① 姜京姬:《KBS、NAVER、〈朝鲜日报〉当选在韩国最受信赖的媒体》,朝鲜日报中文网,2006年5月4日。

(30%)、网络(11%);而韩国是电视(41%)、网络(34%)、报纸(19%),通过网络获取新闻的比率在上述10个国家中最高。

数据2

中国社会科学院法学研究所于2010年2月发布了我国首个《地方政府透明度年度报告》①。该报告以政府网站信息公开为考察视角,对选取的全国43个城市的政府门户网站进行调研后发现,政府网站已经成为地方政府公开政府信息的重要渠道;43个城市都有各自的市级政府门户网站,均在网站醒目位置设有专门的政府信息公开平台,有的还建有专门的政府信息公开或者政务公开网站。各地方政府网站向公众提供的信息公开内容涉及政府机构设置、机构职责、政策法规、办事依据和流程、政府管理最新动态等事项。但从整体情况来看,有超过六成的政府网站测评结果不及格。

数据3

国家行政学院电子政务研究中心发布《2013年中国政务微博客评估报告》②显示,截至2013年年底,我国政务微博客账号数量超过25万个,较上年依然增长46%;其中,党政机构微博客账号183 232个,增长率61.61%;党政干部微博客账号75 505个,增长率19.22%。

2009年,微博开始正式登上中国政治传播舞台,2010年被称为"中国微博元年",2011年被称为"中国政务微博元年"。这一年我国政务微博的增长率达到了776%,2012年的增长率也达到了249%。

上述三组数据至少说明了以下几点:

(1) 政府和媒体的关系不仅影响政府公信力,也会影响媒体公信力;而且,并非所有国家政府和媒介都是同一标准,而是各有自己的关系特征。

---

① 参见《中国法治发展报告蓝皮书(2010)》,社会科学文献出版社2010年版,第322—349页。
② 参见国家行政学院电子政务研究中心:《2013年我国政务微博客评估报告》2014年4月8日。

(2) 和发展中国家相比,发达国家政府的信誉度要高于媒体的信誉度;反过来,发展中国家媒体的信誉度要高于政府的信誉度。这表明社会发达程度对于政府—媒介关系有着不同的规定性,发展中国家的政府可以借鉴发达国家提高政府公共传播信誉度的一些基本经验,以解决自身相对较低的信任度的问题。

(3) 在针对政府的评价指标体系中,政府传播行为与能力类指标日益被突出。如何改善政府与传播的关系,以及如何更有效率地利用大众传播媒介实现政府公共传播目标,正成为一个重要课题。

(4) 由于各国媒介形态的结构不同,导致人们获取信息时对具体媒介形态的依赖程度也不尽相同;这种不同进一步决定了政府公共传播所采用的传播组合策略也要不同,只有那些契合本地传播形态结构的公共传播策略才能获得理想的效果。

(5) 就中国政府与各级地方政府而言,如何利用互联网等新媒体平台更好地实现与公众的沟通,已经成为未来政府公共传播发展的主要议题。从政府门户网站的开通到政务微博的普及,政府公共传播的整体趋势正从单向传播、以我为主,转向主动出击、双向互动,逐步推动"官方舆论场"融入互联网这一"民间舆论场"核心地带。尽管存在各种各样的问题和不足,但从过去三年来(2011—2013)政务微博的高速发展可以看到政府推动自身主动投入媒体传播领域的决心和勇气。

二、案例:韩国政府与媒体的冲突关系

数据1中,韩国政府与媒体的关系显得与众不同:①政府和媒体的可信度是一致的,比例都是45%;②政府与媒体对可信度得分都要低于调查显示的世界平均水平;③韩国公众对互联网的信赖程度远高于其他国家,位居调查涉及各国的首位,并远远超过报纸,达到了34%[①]。

[①] 姜京姬:《KBS、NAVER、〈朝鲜日报〉当选在韩国最受信赖的媒体》,《朝鲜日报》中文网,2006年5月4日。

为什么会出现这样的结果呢？唯有从韩国政府和媒介关系的历史演变出发才能窥及问题的内在要义。

在不同的历史时期，韩国政府与媒体的关系存在很大差异。在朝鲜战争后的半个世纪的历史进程中，韩国渐渐从威权政治走向民主政治，政府对媒体的控制从原先的强行控制、直接控制渐渐转向平衡、博弈和间接控制①。例如，全斗焕时期政府对新闻媒体实施严厉控制：一是大规模解雇新闻工作者，甚至监禁记者；二是合并、关闭新闻机构；三是通过并实施压制性的《报业基本法》。其中，1980年以反腐败的名义对新闻界进行大清洗，对新闻业造成的负面影响非常大。40家报纸的700多名新闻工作者被解雇或者停职。经历过全斗焕时期，韩国报纸从28家减到11家，通讯社从6个减到1个，广播电视从29个减少到27个。全斗焕政府甚至还专门成立了"公共信息协调办公室"，每日对媒体发布报道指南，详细规定对报道的种种要求。对广播电视，干脆将其国有化（公营化），在总统直接监督下运行：对娱乐节目、新闻节目和宗教节目加以严格限制。政府甚至规定晚上12点到早晨6点、上午10点到下午5点30分等时段不允许播出，因为这个时候应该是睡觉或者工作，不应该看电视②。

1997年，金大中竞选总统成功，使韩国的权力结构发生变化，政治取向更加趋向改革，保守派手中掌握了几十年的政治权力，转移到了主张改革的政治团体手中。代表社会中低层公众的金大中政府，要面对代表社会中上层的保守派的挑战，政治资源和信息资源被重新分割③。以民营为主的报业中，三大报《东亚日报》、《朝鲜日报》和《中央日报》控制了舆论，他们的政治倾向趋于保守。因此，代表改革派的金大中政府

---

① 张涛甫：《试论韩国媒体与政治的关系》，《杭州师范大学学报·社会科学版》2009年第4期。

② 参见张涛甫：《试论韩国媒体与政治的关系》，《杭州师范大学学报·社会科学版》2009年第4期。

③ 郎劲松、李磊：《卢武铉政府与传媒关系的调整和重构》，《现代传播》2005年第4期。

并未获得强有力的舆论支持,政府和媒介之间的关系也从此变得"紧张起来"了,以至于他的后任卢武铉总统曾感叹:"早晨一看到(那些报纸),心里就不痛快"①。卢武铉还曾公开评价政府与报纸之间的关系:"权力与媒体的紧张关系"、"保守的报纸扭曲了韩国的舆论"②。在金融危机影响下,金大中政府采用了开放市场和重组社会经济结构的政策。政府主导下的结构重组引起媒介产业的变化,迫使《中央日报》、《文化日报》、《京乡新闻》等几家报纸从三星、现代和韩华集团分离出来。2002年,经过审计,号称"三巨头"的报纸《朝鲜日报》、《中央日报》、《东亚日报》被处以最高额的税款处罚,有的经营者被判入狱③。

关于政府与媒介关系,韩国学者认为,"韩国媒介最重要的一点是它的发展受政府强有力的指导。媒介的成长和财富的积累,主要归功于政府的保护政策和优厚待遇。国家试图把媒介作为推行政策的工具,并进行了严格的控制"④。我国学者陈力丹教授则认为:"既不是过去传统的附属关系,也不是西方那样的对手关系,而是既合作又批评、以合作为主的一种特殊关系"⑤。但是,韩国媒体由于历史的原因,不同媒体与政府之间表现出了不同的关系。自从金大中主政以来,报业与政府敌对,广播电视与政府合作,这是近年来韩国人的共识⑥。究其原因,主要是因为报纸与保守政治力量长期关系密切,而且因为民营的原因,在政治选择上有自己的空间;而广播电视行业中民营力量相对薄弱,受政府的直接管制较多,在政治选择上只能跟随执政党的指挥棒起舞。表1-1是韩国各政治力量与媒体关系一览表。

---

① 转引自汾水:《韩国施行修改后的新闻法》,《今传媒》2005年第11期。
② 转引自郎劲松、李磊:《卢武铉政府与传媒关系的调整和重构》,《现代传播》2005年第4期。
③ 参见郎劲松、李磊:《卢武铉政府与传媒关系的调整和重构》,《现代传播》2005年第4期。
④ 朴明珍、金昌男、宋秉宇:《现代化、全球化和强权国家:韩国的媒介》,载于《跨文化交流与研究——韩国的文化和传播》,郭镇之主编,北京广播学院出版社2004年版。
⑤ 陈力丹:《传统与现代的漫长交战——韩国新闻事业及政策的演变》,《国际新闻界》1996年第2期。
⑥ 郎劲松、李磊:《卢武铉政府与传媒关系的调整和重构》,《现代传播》2005年第4期。

表1-1 韩国各政治力量与媒体关系一览表①

党派	性质	状态	与媒体关系
大国家党	保守	在野	支持报纸,反对言论改革
开放国家党(卢武铉所在党)	改革	执政	反对报纸,亲近电视,支持言论改革
民主劳动党	进步(代表社会底层利益)	在野	矛头直指代表富有阶层的《朝鲜日报》,强烈要求改革

卢武铉在任总统时曾表示,新政府目前正在努力创造新的执政氛围和文化。其要点就是把昔日以权力为中心的"权威主义政治"转换成以国民参与为中心的"参与政治",把昔日"排他式"的国政运营转向"以讨论和协商为体系"的国政运营,并且要处理好政府与新闻界的关系②。在上述转变过程中,韩国媒体的国家管理体制,是实现了法治化的间接控调、同时又带有集权和政府干预色彩的国家主导模式③。不过,在此过程中,韩国政府与媒体都有值得反思的地方。政府与媒体的关系恶化最终导致政府和媒体的信任度都持续下降,甚至一向以保守、权威而著称的报业所获得的认可度低于互联网。政府与媒体的争斗,最终损失的是公众对这两类组织整体信任度的降低。

其实,韩国的案例也反证了一点:政府公共传播过程是一个复杂的过程,唯有政府与媒体合作才能相互促成对方成为推动社会进步的积极力量;也只有在政府和媒体之间建立起通畅的沟通、合作机制,才有可能获得"双赢"的效果。

三、案例:"史上最牛钉子户"的新闻发布会

2007年发生在重庆的"史上最牛钉子户事件"曾经形成非常大的

---

① 郎劲松、李磊:《卢武铉政府与传媒关系的调整和重构》,《现代传播》2005年第4期。
② 郎劲松、李磊:《卢武铉政府与传媒关系的调整和重构》,《现代传播》2005年第4期。
③ 郎劲松、李磊:《卢武铉政府与传媒关系的调整和重构》,《现代传播》2005年第4期。

社会轰动效应。图1-1所示的场景是该事件过程中的一个片段：钉子户的女主人吴苹正在拆迁现场召开新闻发布会。

图1-1　2007年重庆"史上最牛钉子户"的新闻发布会现场

图片来源：华商网2007年3月23日。

从图1-1所示现场来看，这显然是一场"山寨版"的新闻发布会；但是从实际效果来看，却让同期的官方新闻发布会逊色甚多。按我们的理解，我国从2005年开始在全国范围内推行新闻发布制度，根本目的是通过改进沟通技巧，让政府取信于民。但是，由于现有机制赋予新闻发言人的沟通空间相对有限，而且对新闻发言人缺乏相应的约束机制，新闻发言制度常常被认为是隔靴搔痒、扬汤止沸式的危机处理对策，很难达到制度预期的效果。

上述"山寨版"的新闻发布会却让笔者大开眼界。从其新闻发布会的现场来看，很明显违背了新闻发布会的多项准则。例如，新闻发布会强调要善待记者、善待媒体，具体表现为要求新闻发言人要对记者有礼貌、尊重记者。从这一新闻发布会的现场来看，"新闻发言人"对待记者却并不礼貌：新闻发布会现场只准备了一张凳子，却被"新闻发言人"独占，记者只能站着或者席地而坐；"新闻发言人"面对记者并没有彬彬有礼,而是翘着二郎腿;衣着方面,新闻发布会一向主张女性着装要低调保守,而这位"新闻发言人"衣着显然过于花哨。然而,奇怪的是,就是这样的一场与所谓新闻发布会专业标准格格不入的"山寨"新闻发布会,却赢得了记者和公众的信任和支持,最终形成了一边倒的舆论格局。不过,如果超越具体形式层面的规则来看这场"山寨版的新闻发布会",就会发现它其实具备了一个"好的"新闻发布会的核心特征:要给予记者和公众经得起审视和检验的事实信息,不回避核心问题。

在上述拆迁事件中,公众个体利用良好的媒体沟通能力将自身利益与社会共同关注的敏感问题连接为一个议题,并因此获得了维护自身权利所必须的实际政治权力,最终形成能够与地方政府抗衡的舆论优势。这是值得政府反思的。

政治权力是"指某一个政治主体凭借一定的政治资源,为实现某种利益或原则而在实际的政治过程中体现出来的对一定政治客体的强制性的制约能力"①。很显然,从这一舆情事件的发展来看,政府虽然在政治权力资源的占有上具有天然优势,却未能在舆论上占优势地位。尤其是在政府公布的拆迁最后期限这一天,在中外媒体与广大网友现场围观场景下,地方政府最后选择了缺席。结合上述案例的舆情走势来看,我们认为,至少有三个方面值得政府部门深入反思:

(1)公众已经学会利用媒介传播自己的主张,维护自身权益。经过网络与传统媒体的广泛传播,这一维权方式已经深入民心;同时依托媒介的抗争也是公众获取政治权力、有效参与现代政治生活的新途径。

(2)这是一个"全世界在观看"、"人人都有麦克风"的时代,在"聚光灯"下与媒体和公众一道工作将是未来我国各级政府运行的常态,掌握公开平台上与公众沟通的基本技能也是各级政府部门所必须的一项专业素养。

(3)一个社会的普通公民已经如此娴熟地掌握使用媒介的技巧;

---

① 王沪宁:《政治的逻辑》,上海人民出版社1994年版,第221页。

政府,作为专业的组织,更应该学会如何沟通。但从对过去十几年政府公共传播的观察来看,政府与公众在使用新媒体沟通方面存在严重的"数字鸿沟"效应,即公众借助新媒体这一新型平台的技能日以娴熟,而政府利用新媒体沟通社会、应对危机方面的技能,从整体来看,明显滞后于社会整体发展水平。如何在新的社会关系和传播权力结构中提升信息传播能力,有效沟通,赢得信任,将是政府公共传播当前所要解决的核心问题。

第二节 中美"政府—媒介"关系框架考察

一、美国经验:基于社会责任论的核心框架流变

政府公共传播,是面向一个"他者"的社会说话、沟通;"全世界在观看"的公共传播场景,意味着跨文化沟通的技巧成为必需。因此,了解西方社会关于政府—媒介关系框架的基本价值观也是我们研究政府公共传播的必修课。

社会责任论是西方社会在 1940 年代提出的理论,以美国新闻自由委员会于 1946 年发布的报告为代表,是西方社会自 1940 年代以来位居主流的新闻传播价值观,也构成了美国"政府—媒介"关系现实演变的指导性框架。社会责任论是在变化了的传播关系背景下对传统"自由主义报刊理论"进行的修正,其中最引人关注的就是该理论对既有"政府—媒介"关系框架的重构。在委员会的系列报告中,由哈佛大学法学教授、委员会副主席查菲(Chafee,Z.)所做的报告《政府与大众传播》对政府—媒介关系作了专门的、详尽的阐述。我们这里就以查菲的《政府与大众传播》为文本探讨西方社会自 1940 年代以来占据主导地位的政府—媒介关系框架。

在考察政府与大众传播关系时,委员会提出,可以将政府在其中扮演的角色概括为三种类型:第一种是利用自己的权力限制大众传播中

的讨论；第二种是采取肯定性的行动，鼓励更好和更广的传播；第三种是成为双向传播中的一部分①。那么，这三种角色具体包含哪些指标性内容呢？委员会倾向于认定其中一种作为理想模式，还是以一种结构化的方式提出对政府的综合要求呢？如果是后者的话，委员会对政府提出哪些具体的要求呢？这一系列的问题恰恰是委员会对于政府—媒介关系分析中政府角色定位进行的考察。

1. 政府的限制性角色

对于第一种角色，委员会认为，政府是新闻自由的第一道防线，用以维持秩序和人身安全②。因此，完全去除对大众传播的限制既不可能也并不为人们所希望，它们可以尽可能地接近极限，但永远不可能到达，这个过程的终点是否为零并不重要，问题是我们能否发展到享有越来越多的自由③。但同时，委员会还指出，"限制从不会消失并不意味着限制将会增加"④。因此可以看出，委员会对限制还是采取了十分严谨的态度，但纵使如此，还是打破了自由主义报刊理论关于新闻自由是绝对自由的论断。

"如果我们集中考虑在一个特定的冲突领域内政府和媒介双方都希望的内容，这会是非常有利的"⑤，委员会认为，这要求为美国第一修正案的实施划一条双方都能够接受的边界，在平衡公共安全等社会利益和对真理的寻求之间确认政府限制的底线。而这条底线就表现为，当大众传播中出现"明晰而现实的危险"时，媒介自由就要受到政府的

---

① Chafee, Z. *Government and Mass Communication*. The University of Chicago Press (1947), p. 3-5.
② Commission on Freedom of the Press. *Free and responsible Press*. The University of Chicago press (1947). p. 115.
③ Chafee, Z. *Government and Mass Communication*. The University of Chicago Press (1947), p. 6.
④ Chafee, Z. *Government and Mass Communication*. The University of Chicago Press (1947), p. 6.
⑤ Chafee, Z. *Government and Mass Communication*. The University of Chicago Press (1947), p. 36.

限制①。因此检验"明晰而现实的危险"的标准成为划分政府限制类别的标准。根据这个标准,政府限制可以分为四种:①对个人免于谎言侵害的保护措施。它所防止的侵害包括:诽谤、刑事诽谤、团体诽谤、因不准确而引起的伤害以及其他来自大众传播媒介对个人的伤害等。②对社会公共标准的保护措施。它所限制的是在大众传播媒体上出现的猥亵性、淫秽性内容以及不同于公共标准的教育方面的变异等。③防止国内暴力和混乱的安全措施。包括和平时期对叛国和煽动性言论的禁止以及对轻视法院行为的禁止。④防止外国入侵的安全措施。包括战争期间对传播叛国和煽动性言论的限制以及对报刊和广播的审查等②。

政府限制的实现方式表现在三个层面:一是政府制定法律,决定什么是受禁止的,并设立法院解决争端,但是把起诉权留给个人;二是政府官员在法院对犯有煽动罪嫌疑的出版物直接提出诉讼;三是政府官员不仅起诉而且判决③。在这三个层次中,无论哪一个层次都赋予了政府在与媒介关系框架中的强势地位,这也正是委员会谈到政府限制时非常谨慎的重要原因。

2. 政府的鼓励性角色

委员会认为,"如果我们把新闻与观念的流动当作理性的交通车辆的行驶,已提到的限制性活动就是驱除那些违章开车者、暴徒或其他令人讨厌的人。但是政府也要努力去拓宽道路并且保持交通运输的通畅"④。这源于两个方面的现实的反思。一个是广播电台发展的情况。

---

① Chafee, Z. *Government and Mass Communication*. The University of Chicago Press (1947), p. 49.

② Chafee, Z. *Government and Mass Communication*. The University of Chicago Press (1947), p. 61.

③ Chafee, Z. *Government and Mass Communication*. The University of Chicago Press (1947), p. 3.

④ Chafee, Z. *Government and Mass Communication*. The University of Chicago Press (1947), p. 3-4.

20世纪20年代广播兴起之后,由于电波资源的有限性,形成了广播节目的相互干扰,使广播发展一度陷入混乱之中。在此背景下,由国会负责成立了联邦通讯委员会(FCC),负责管理广播业的运作。具体方法是由联邦通讯委员会通过发放执照的方式分配波段资源,然后再定期审核广播电台的运作情况以决定是否更换其执照。通过这一措施,广播业走出了先前的混乱状态。另一个是对宪法第一修正案中所规定的新闻自由实现状况的思考。委员会发现,仅仅赋予公民法律意义上的新闻自由意义不大,"除非有足够的传播物质设备,否则,任何自由传播的方案都会失败……而国家或一些其他的政府机构常常是最适合提供这些基本设施的单位"①。

基于上述两方面的反思,委员会认为,政府在上述两个领域内具有大有作为的可能性,可以成为促进大众传播的积极力量,并将政府的积极作用划分为四个方面:①提供能够使所有人都可以利用的基本物质设备;②信息传播管理;③在传播产业内贯彻为所有公司制定的产业政策;④专门为一种或多种传播产业而制定的措施,它倾向于提升大众传播的自由、改进内容或使它在一个自由社会发挥它的合适的功能②。

3. 政府的双向传播参与者角色

"二战"之后,由于政府在现代社会中的作用日益增大,它本身已成为社会和经济事务的一个重大的参与者。但是,一个现代社会的政府同时又是保密要求很高的政府,并且随着战争的发展,保密范围有扩大的趋势。这种在政府与社会间不对称性的信息交流结构显然对政府和公众都不利。基于双方利益的发展,委员会认为,有必要在双方之间进行更好的交流,并特别提醒道:"出于双方利益的观点是值得记住的,因

---

① Chafee, Z. *Government and Mass Communication*. The University of Chicago Press (1947), p. 479.

② Chafee, Z. *Government and Mass Communication*. The University of Chicago Press (1947), p. 478.

为人们很自然地倾向于认为,这仅仅是对政府和政府官员有利的。其实,公民也从中获得了利益"①。

政府作为双向传播的参与者这一角色对政府提出了新的要求,一方面它要向公众发布新闻、意见和规劝,另一方面又要成立专门组织从公众中搜集事实与意见,即包括政府对公众"讲话"与公众对政府"讲话"两个方面。为了区别它们,委员会用日常的"信息服务"定义源自政府的传播,而用"情报服务"来定义流向政府的传播。

由此我们可以看出,在对政府在大众传播范畴内的角色认定上,委员会倾向于认为——

(1) 政府的限制角色是必不可少的,但是要限制在尽可能少的范围内。

(2) 政府的鼓励性角色是政府发挥才能的新舞台,并应该成为政府角色结构发展中的方向性主导力量。

(3) 政府的参与性角色是政府角色发展的更深层次的要求。这一层次又分为两个层次。第一层次是政府在大众传播活动过程外的管理。在这个层次中,与委员会提出的消极自由(免于被干涉的自由)与积极自由(能够做……的自由)相对应,在强调媒介自律、承担社会责任的积极自由的同时,政府的积极管理行为也作为媒介积极自由外部环境的重要方面而被提出,并被要求服务于媒介积极自由。第二层次是政府对大众传播活动过程内的参与,以求改善政府和公众之间的信息不平等。值得注意的是,委员会提出的这种政府传播行为是建立在政府与公众都作为传播过程参与者的平等地位基础上的,不同于第一层面中管理者和被管理者的科层关系。从当时的情况来看,恰恰是解读者对政府在两个层面角色认识上的混淆才引起了对社会责任论的质疑,并招来了众多诘难。

---

① Chafee, Z. *Government and Mass Communication*. The University of Chicago Press (1947), p. 23.

不过,查菲在1946年的报告中对政府角色的考察并不乐观。他认为,在当前(1940年代)的总体状况中,第一种依然存在,但是只占很少一小部分;第二种尚未广泛采用;而第三种则还是新鲜事物①。不过,时间过去了半个多世纪,无论是美国还是中国,在实践上述委员会所期待的政府角色上都有了明显的改善,政府主动参与大众传播活动已经不再是什么"新鲜事物",而成为当代政府"网络执政"的基本内容。无论是美国的白宫网站,还是中国近年来兴起的政务微博潮,都为我们研究政府公共传播提供了丰富的现实基础,也为我们理解上述三种政府角色提供了波澜壮阔又细致入微的注解。

二、中国实践:"三闻原则"向"双向互动"的演化

不同的传播权力格局需要不同的"政府—媒介"关系模式与之相对应。结合何舟、陈先红的研究②,我们认为我国目前存在两种政府公共传播模式,分别对应不同的政府—媒介关系结构。其一是传统的单向信息控制模式(即何舟、陈先红研究中的封闭模式和单向宣教模式);其二是"双重话语空间互动模式"(即何舟、陈先红提出的官方话语空间与民间话语空间的互动模式)。在谈及"互动模式"成因时,何舟、陈先红认为,新媒体为非官方话语空间提供更大的公共议题讨论空间与近用

---

① Chafee, Z. *Government and Mass Communication*. The University of Chicago Press (1947), p. 3-5.
② 注释:他们认为,"官方的话语空间"以国家控制的大众传播媒体为主要的载体,反映的是原有意识形态或稍有改良的原有意识形态,所使用的大多是旧有的语汇或新旧社会主义语汇的混合;"非官方的话语空间"的主要载体是人际传播的各种渠道,反映的是从激进民族主义到自由主义、物质主义以及犬儒主义等多元的意识形态。他们把政府公关模式的演化总结为以下三个类型:①公共危机传播的官方模式为封闭控制、单向宣教和双向互动三种模式;②公共危机传播的民间模式为揭露模式、抵触模式和肯定补充模式;③不同的互动模式呈现不同的政府危机公关效果,在"封闭控制 VS. 揭落"互动模式中,政府危机公关呈现出散布、揭露、谴责、批评、愤怒等负面效果,在"单向宣教 VS. 抵触"互动模式中,则呈现出混乱、反驳、不信、冷漠等负面效果;在"双向互动 VS 肯定补充"模式中,则呈现肯定、赞扬、补充、参与等正面效果。参见何舟、陈先红:《双重话语空间:公共危机传播中的中国官方与非官方话语互动模式研究》,《国际新闻界》2010年第8期。

权,进而影响和改变了中国政府的危机公关应对模式①。因此,双向互动模式成为近年来政府公共传播的新型沟通模式,以区别于之前的传统模式。

从我国新闻宣传的历史沿革来看,单向信息控制主导的政府公共传播其实也有具备正效应的历史阶段。与封闭模式与单向宣教模式对应的是政府公共传播的"三闻原则",即"新闻、旧闻、无闻"三原则。其中,"新闻"是指把某些发生的事实作为新闻来报,要及时,要抢时间发出去;"旧闻"是指有些事实发生了,要故意不报,等放"旧"了再报;"无闻"是指某些事情做了永远不说,就当没发生一样②。上述原则后来又被演化为"正面宣传报道为主",而对负面消息则严格控制。这样的做法在历史上曾有过积极作用。"三闻原则"所要解决的关键问题正是政府公共传播的核心问题,即信任问题。通过放大政府正面信息,严格管制负面信息,政府会获得一个具有高信任度和美誉度的形象,能大大降低政府改造社会的执政蓝图实施中可能遇到的社会摩擦力,进而提高政府改造社会、推动国家发展的效率。不过,"三闻原则"的有效实施需要一个必要前提,那就是大众传播媒介要被社会管理者全面掌控,对信息传播的掌控几乎达到天衣无缝的地步。基于这样的信息控制,政府可以获得高信任度的支持。这样的大众传播信息网络对于发展中国家的政策实施,的确能够起到优化舆论环境、降低社会摩擦力的效用。但是,伴随着新媒体的兴起、大众传播权力的分化,社会管理者对于官方所有的传统大众传播媒体的掌控可能还是和以前一样,但以"公民记者"、"自媒体"、"社会化媒体"等为代表的民间舆论场的兴起却使得"三闻原则"的实施捉襟见肘。很多时候,公共危机事件发生后,本地人在现场,外地人因为我国独有的"异地监督效应",无论是通过传统媒体,

---

① 何舟、陈先红:《双重话语空间:公共危机传播中的中国官方与非官方话语互动模式研究》,《国际新闻界》2010年第8期。
② 转引自陈力丹:《论突发性事件的信息公开和新闻发布》,《南京社会科学》2010年第3期。

还是新媒体都能够及时获得相关信息。由于公众对政府最基本的期待是及时出来对相关危机表态。但官方媒体因为受到传统公共传播模式的束缚，常常对定性为"负面"的相关危机事件一言不发，坐失与公众沟通信息、达成共识的良机。结果是大道不畅，小道消息漫天飞，政府辟谣最后常常成了"自我拆穿"。这样的信息管控模式带来的后果只能是政府与媒体公信力的双双下降，而无法实现"三闻原则"预设的提高社会管理者信任度和美誉度，进而推动社会有效进步的管理效果。

互联网的出现使得公众有机会获得了一个新的媒介平台，可以表达他们不能在被严格控制的官方媒体上所要表达的不同见解。当互联网发展成了一个公民表达的大平台时，产生了一些新的特征：舆论生发作用被急速放大，从而帮助设立某些政治议程；对政府形成压力使之改变了一些不受欢迎的政策；增进了公民对政治的直接和间接的参与；帮助公民克服由于意识形态冲突而造成的心理矛盾。在上述社会效能中，互联网对中国政治最明显的影响体现在"议程设置"方面，由公众在互联网上提出的议程，在一定程度上削弱了政府和官方媒体在设置议程方面的垄断性[1]。因此，在变化了的社会权力格局下，固守既有的政府公共传播模式无异于"刻舟求剑"，不仅不能为高效率的社会进步带来良好的舆论环境，还往往弄巧成拙，消解政府与官方媒体的公信力，进而小事件演化为大事件，甚至升级为危机事件。

同时，也有研究者基于对中国互联网20年发展的观察发现，当互联网作为一股新型"力量"与中国的社会现实碰撞时，出现了四个类别的情况[2]：①现象转移，社会结构中原有被遮蔽的问题通过互联网反映出来，转化为网络社会问题；②矛盾放大，网络社会问题会得到更为广泛的传播，引发更大规模的社会关注，并突破了时空界限在互联网上得

---

[1] 参见何舟：《中国互联网的政治影响》，《新闻与传播评论》2010年卷，武汉大学出版社2011年。

[2] 参见李良荣、方师师：《互联网与国家治理：对中国互联网20年发展的再思考》，《新闻记者》2014年第4期。

以"永存";③焦点变异,网络社会问题招致多方主体加入讨论,导致问题的重点产生了迁移甚至改变,最终结果与预期大相径庭;④多方共振,社会问题不仅在传播的过程中产生了变异,而且还牵涉到了社会中的多个方面,不同的社会主体从多个层面对于这个问题进行讨论和审视,最终产生了"舆论共振",问题的指向常常溢出原本的利益诉求界限,形成制度与意识形态层面上的价值诉求。

正是因为上述变化了的环境,两个舆论场的关系也发生了变化。传统政府公共传播模式更多强调的是民间舆论场与官方舆论场之间对立的一面。而近年来,以《人民日报》为代表的官方媒体纷纷提出了"打通两个舆论场"的新主张,强调两个舆论场之间的互动沟通是消除误解、达成共识,推动现实问题妥善解决的有效途径。在新的双向互动框架下,政府公共传播更强调两个舆论场之间的对话与沟通,主张应将两个舆论场之间统一的关系置于主导地位。我们认为,正是上述现实社会传播权力关系的变化最终决定了"双向互动模式"成为未来政府公共传播的主导模式;而且,这一转变也必将是一种强制性的改造过程,只能顺应,无法逆转。

第三节　政府公共传播研究的价值坐标

和之前的政府传播研究相比,我们将特别关注政府传播的"公共性",并因此将研究对象定义为"政府公共传播"。为何要突出政府"公共传播"的价值取向呢?对这一问题的回应则构成了为我们的研究寻找理论框架与价值坐标的过程。我们认为,这是由我国当前所处的"国家治理体系和治理能力现代化"这一特殊社会发展时期的特征决定的。

国家治理体系和治理能力现代化被称为是继之前的"四个现代化"

之后的我国"第五个现代化"①,直接关系着我国政治体制运行的未来方式和方向。在国家治理体系的现实格局下,治理过程也就意味着多个治理主体之间利益协调和沟通的过程。如果政府传播只关注政府自身的利益诉求,忽视其他治理主体的利益诉求,所谓"治理现代化"就失去了达成共识的基础。因此,这就需要作为政府传播主渠道的官方媒体在未来改革的过程中逐步强化"公共性"沟通平台的价值取向;同时也要求政府在与社会各利益主体进行沟通的时候始终把"公共利益诉求"作为核心原则,为"多元社会中的各利益群体提供意见表达和沟通的平台,从而'制造社会共识'"②。反过来,政府传播"如果只强调路径优化而忽略公共利益的基本价值取向,只会带来更多的巧妙而隐蔽的新闻控制,从根本上削弱政府的合法性,使政府传播成为公共讨论的敌人"③。因此,当前政府传播需要突出公共传播的价值取向,唯有如此,政府才有可能与诸多社会治理主体达成共识。假若偏离了这一点,多元化的利益诉求和利益冲突将不断加剧,导致社会失序与失范,无法形成解决社会发展问题所必须的共识,从而使政府陷入到真正的"现代化陷阱"之中。

基于此,我们接下来将从"公共传播学"出发来探讨政府公共传播的价值坐标,并从宏观、中观与微观三个层次来确定政府公共传播分析的基本框架。

一、公共传播学:作为研究起点的讨论

法国社会学家 M·勒内大概是最早提出建立《公共传播学》的学者,1993 年他在一篇文章中较系统地研究了公共传播学问题④。国内

---

① 参见李景鹏:《关于推进国家治理体系和治理能力现代化——"四个现代化"之后的第五个"现代化"》,《天津社会科学》2014 年第 2 期。
② 李良荣、张华:《参与社会治理:传媒公共性的实践逻辑》,《现代传播》2014 年第 4 期。
③ 张洁:《社会风险治理中的政府传播研究》,复旦大学(博士论文·2010 年)。
④ 参见吴飞:《公共传播研究的社会价值与学术意义探析》,《南京社会科学》2012 年第 5 期。

学者江小平把"公共传播学"定义为:"公共传播的首要目的是说服受众,使之采取有益于自身健康和生活、有益于社会和人类的行为,引导他们积极参与公共生活和努力提高社会道德水准,指导更多的人承担并完成推动社会发展的使命。"①但是,从已有文献来看,这一论述体系充满了矛盾。例如,一方面,"公共传播学是一门帮助政府领导人和政府机构管理社会和个人,并协调两者之间关系的科学";而另一方面又认为"它的最终目的是提高每一个人把握自身命运的能力";而且"传播者有可能来自官方,也有可能来自半官方或私人机构"②。很显然,这一公共传播学的价值指向更强调政府利益的优先,这里所指的公共传播学明显是把作为传播者的政府放到了一个"训导者"的角色,以提高作为"被教育对象"的公民的公共意识为主旨,政府与公民之间的关系并非"对话关系";政府所做的努力也并非是打通"两个舆论场",而是以"官方舆论场"来训导"民间舆论场"。当然,这里所述的"公共传播学"的效应和我们的研究主旨也有相近的地方:"它的效应主要体现在三个方面,第一通过社会说服活动减少行政干预、法令和规章制度;第二增强政府与其人民间的相互理解;第三充分利用人的智力。"③对于公共传播的目标效果,江小平也以法国为例做了说明:"法国领导人深深体会到,利用传播技术可以做到以下几点:①有助于公众理解政府的决策,从而赢得公众的好评,确保政府使命的完成;②扩大政府机构的影响,把更多的具有领导能力和素质的优秀人物吸收到政府各工作部门;③向公众传送有关卫生、安全等方面的知识和有关如何做一个尽职尽责的好公民方面的信息④。这里的公共传播还是强调了作为精英阶层代表者的政府依靠独享的大众传播权力来实现对社会大众公共意识的启蒙和训导,而非我们前面提到的新媒体时代场景,即伴随着传播权力

---

① 参见江小平:《公共传播学》,《国外社会科学》1994 年第 7 期。
② 参见江小平:《公共传播学》,《国外社会科学》1994 年第 7 期。
③ 参见江小平:《公共传播学》,《国外社会科学》1994 年第 7 期。
④ 参见江小平:《公共传播学》,《国外社会科学》1994 年第 7 期。

的去中心化，政府已经无法垄断大众传播权力，如何在与公众的互动中推动社会的发展？很明显，这里的差别正是"社会管理"与"社会治理"之间的差异，而后者正是我们认为研究"公共传播"的根本价值所在。因此，这一"公共传播学"的主张还不能提供我们分析"政府公共传播"的完整框架，而只是提供了一个"前互联网"时代的视角。

另外一种关于"公共传播学"价值体系的构建来自于社会学家布洛韦的启发。研究者认为"公共传播学"是和"专业传播学"、"政策传播学"、"批判传播学"并列的传播学分支，关注的是专业传播者和公众之间的传播关系，强调"公共传播学家不仅要通过自己论文著作来反映社会事实，更重要的是得亲身投入社会实践、参与和卷入社区和社会公共事务"①。这类公共传播学的研究者认为，"公共传播学的使命，一言以蔽之，就是代表传播学的公共责任以补足社会正义主题叙事下缺失的文化与传播视角；它的立场就是公共的立场、社会的立场以及'人'的立场；它对当下的传播研究的意义在于引导传播学者从对市场、产业、技术和制度的关注中回复到对'人民'的根本性问题的关注上来"②。这其中，强调公共性、社会性立场，强调对"人民"权益的关注，都为我们研究政府公共传播提供了价值坐标，即政府公共传播中的"公共"一词和"公共关系"是有区别的，后者强调的是以政府为利益主体的谋虑，而政府公共传播研究的价值判断却是以"社会进步"这一公共性问题为基点的。但是，很显然，政府公共传播的研究大体上应该归于"政策传播学"类，即"面向非学术听众提供工具性知识"③。不过，"公共传播学"强调的面向"非学术听众"的"批判性反思"的视野也是我们在研究范式选择时需要考虑的一个重要价值维度。

---

① 参见吴飞：《公共传播研究的社会价值与学术意义探析》，《南京社会科学》2012年第5期。
② 龚伟亮：《传播学的双重公共性问题与公共传播学的"诞生"》，《新闻界》2013年第9期。
③ 参见吴飞：《公共传播研究的社会价值与学术意义探析》，《南京社会科学》2012年第5期。

基于上述围绕"公共传播学"的讨论，我们希望从以下三个层次来完善我们对于"政府公共传播"研究的基本框架：宏观层面我们引入了"发展传播学"的视角，中观层面引入了"传播与国家治理"关系结构的视角，而微观研究范式的确立，则引入了批判性的视角。

二、宏观层面：发展传播学的基本价值导向

政府公共传播，尤其是作为发展中国家的中国，如何定位这一研究在学科知识地图上的坐标呢？我们认为，依托发展传播学来发展政府公共传播，对当前发展中国家而言，具有建设性意义和价值；而且，发展传播学强调的"以传播促发展"的基本逻辑思路与当前我们所界定的政府公共传播的核心价值取向是一致的。无论是政府的进步，还是社会的发展，如果都能够建立在沟通协调的基础之上，这一政府治理能力现代化所要求的核心素养必将带来整个国家的进步与发展。

从传播学的发展历史来看，早在20世纪50年代就形成了传播对发展影响的专门议题。作为大众媒介迅速扩散到欠发达国家的一个结果，研究者开始考虑媒介能否和怎样促进文化的传播和经济的发展[①]，并最终形成了一个专门的传播学分支——发展传播学。发展传播学可以解释为"运用现代的和传统的传播技术，以促进和加强社会经济、政治和文化变革的过程"[②]。美国社会学家丹尼尔·勒纳于1958年发表的《传统社会的消逝——中东的现代化》被认为是发展传播学的开山之作。该书是根据对六个中东国家所做的一次大规模社会调查取得的资料写成的。在书中，勒纳将大众传播媒介称为社会发展过程中的"奇妙的放大器"，认为它能大大加速社会发展速度，提高现代化程度[③]。

---

① 殷晓蓉：《当代美国发展传播学的一些理论动向》，《现代传播》1999年第6期。
② S. T. Kwame Boafo. Utilizing Development Communication Strategies in African Societies: A Critical Perspective (Development Communication in Africa), *Gazette* 1985. 35, p. 83.
③ 转引自王旭：《发展传播学的历程与启示》，《兰州学刊》，1999年第6期。

1964年，施拉姆在《大众传播媒介与国家发展：信息对发展中国家的作用》一书中提出了大众传媒传播信息能有效促进国家发展的观点，强调了信息传播对发展中国家的重要性："有效的信息传播可以对经济社会发展做出贡献，可以加速社会变革的进程，也可以减缓变革中的困难和痛苦"①。施拉姆认为，发展中国家在信息传播方面落后于发达国家，消除国际和国内信息不平等、不均衡现象，是发展中国家的一项亟待完成的重大任务。他还力求考虑发展中国家的现实情况和具体需要，注意避免简单照搬西方的现成模式②。同时，施拉姆还提出了大众传播在国家发展中具体可以发挥的功能，一共有十项内容：①扩大视野，使传统社会的人民把眼光放在将来以及现在的生活形态，并通过媒介唤醒国家意识，促进国家的整合；②把公众的注意力集中于国家的重要发展项目；③提高人民的抱负，拒绝被命运摆布；④为国家发展创造有利的氛围；⑤与人际管道沟通；⑥赋予人与事以地位；⑦扩大上下沟通的政策"对话"；⑧执守社会规范，使人不敢轻易逾规；⑨形成文化口味；⑩改变比较不重要的态度，疏导强固的态度③。

此外，发展传播学还有一些其他的代表性观点。例如，英国学者丹尼斯·麦奎尔认为，媒介的社会责任应优先于媒介的权利和自由，这包括：①媒介必须把国家的发展目标（经济、社会、文化和政治的）放在最重要的位置上；②追求国家文化和信息的自主；③支持国家的民主化进程④。美国学者威廉·哈森的观点则较为激进，具体表现为以下五个方面：①所有大众传播工具都应由政府进行调动，完成支援国家建设这一伟大任务；②媒体因此应该支持政府，而不应对它挑战，因此可以根据社会发展的需要对新闻自由进行限制；③信息（或真相）因此成为国家财产，它是一种稀有的国有资源，必须被用来为进一步深化国家目标

---

① 转引自张隆栋主编：《大众传播学总论》，中国人民大学出版社1993年版，第296页。
② 张国良：《新闻媒介与社会》，上海人民出版社2001年版，第311页。
③ 转引自李金铨：《大众传播理论》，三民书局1988年版，第243页。
④ 转引自李良荣：《当代世界新闻事业》，中国人民大学出版社2002年版，第163页。

服务;④一个暗含、并不经常被表述的观点是:当大多数实行发展理念的国家仍不得不面对包括疾病、文盲以及种族在内的种种问题时,个人言论自由及其他公民权在这些问题面前显得似乎有点不着边际;⑤这种提倡媒体应接受指导的理念进一步表明,在控制外国记者进出国境,以及穿越国境的新闻流动进行控制方面,每个国家都拥有至高无上的权力①。上述观点因为过分强调国家发展目标至上而受到很大争议。因此,传播如何才能促进国家发展一直是发展传播学的核心命题,也是存在争议最多的话题。

虽然发展传播理论产生的最初历史语境已经几经转换,全球化成为当代传播发展的新的社会环境,关于"发展"的观念也注入了新的内涵,从注重单纯的经济发展向注重"可持续发展"、"和谐发展"转变,但发展的主题未变,媒介在国家发展中的重要性地位不仅未变且有日益加强的趋势②。回顾整个发展传播学的演变历程,学者韩鸿总结了"发展—传播"议题演化的三个理论阶段(参见表1-2),从理论演化的价值取向来看,1970年代后提出的相关理论对我们研究当前政府公共传播所面临的问题具有更多、更直接的参考意义。

表1-2 发展—传播议题演化的三个阶段③

学科	第一种范式 (1950年代—1960年代)	第二种范式 (1960年代—1970年代)	新范式 (1970年代以后)
发展理论	现代化理论	依附理论	多元理论
发展政策	经济增长	再分配,基本需求和增长	可持续性发展

---

① 参见威廉·哈森:《世界新闻多棱镜》,新华出版社2000年版,第46页。
② 夏文蓉:《发展传播学视野中的媒介理论变迁》,《扬州大学学报·人文社会科学版》,2007年第5期。
③ 转引自韩鸿:《参与式传播:发展传播学的范式转换及其中国价值》,《新闻与传播研究》,2010年第1期。

续表

学　科	第一种范式 (1950年代—1960年代)	第二种范式 (1960年代—1970年代)	新范式 (1970年代以后)
传播理论	线性模式	使用与满足理论,多级传播模式	参与式传播理论,理论融合
推广方式	扩散模式	社会营销及相关模式	参与式模式
社会变革的动力	经济增长将促进变革	自力更生将促进变革	对话传播将使人民组织起来导致变革

在1970年代后形成的新范式中,参与式传播①是当今发展传播学研究的一个热点。参与式传播被定义为一个在个人、集体和机构之间的动态、互动和变化的对话过程,使得人们认识到他们的全部潜力,来为自己的幸福生活而努力。在参与式传播中,传播成为一种在所有利益相关者中开启对话以产生分析和解决问题策略的工具,最终目标是利用传播作为一种赋权工具,让所有的利益相关者在决策过程中发挥积极作用②。该理论与非参与式传播之间的差异参见表1-3。

我们希望将参与式传播的相关理念引入政府公共传播的研究框架中。例如,参与式传播强调对话与民主参与、强调通过意识唤醒加强能力建设,并提出"人民的需要是关注的焦点"等理念。这些理念是发展传播学面对变化了的现实做出的新观察与新主张,也是当代发展传播学的理论精髓所在。参照上述理念,政府公共传播也需要强化对话与

---

① 参与式传播理论认为,传播是一个参与者之间共享信息的过程。这种理论模式消解了传者与受者的区别,标志着传统的"受众"观念的解放;它同时用"交流"的概念取代"发送"的概念,不仅对人际传播注入了新的理解,同时对大众媒介的作用进行了不同的解释。参见韩鸿:《参与式传播:发展传播学的范式转换及其中国价值》,《新闻与传播研究》2010年第1期。

② Singhal. A. (2001), *Facilitating Community Participation through Communication*, New York: UNICEF. P. 13.

表 1-3　参与式传播与非参与式传播的比较①

参与式传播	非参与式传播
参与者之间的横向传播,人民积极参与到信息生产和传播工具的控制中	从传者到受者的垂直、自上而下的传播,人民是被动的信息接收者和行为的被指导者
对话和民主参与,通过意识唤醒加强能力建设	劝服、动员和短期行为变化
可持续的长期的变革过程	短期计划和快速见效的解决
集体赋权和决策	个人行为改革
社区参与共同设计和发布信息	外来者为社会设计
关注内容、语言和文化的特殊性	对不同群体使用同样的技术、媒介和信息
人民的需要是关注的焦点	项目捐助者的需要是关注的焦点
媒介为社区所有	被社会、政治和经济因素制约的媒介近用
意识增强	短期劝服

民主机制,突出"公共利益至上"的基本原则。对于公共传播学的研究认为,作为对发展中国家如何实现现代化转型的核心问题做出的传播学解答,"发展传播学"与"公共传播学"具有潜在的立场共通性,在某种程度上可以被视为一种潜在的公共传播学②。在公共传播学与发展传播学的相互关系上,研究者认为,公共传播学通过在"传播学为了什么"(发展传播学对此的回答是"发展")的问题之外,追问"传播学为了谁"(公共传播学对此的回答是社会与人),进而为发展传播学建构了框架、方向并提供了新的合法性,将发展传播学对于技术的绝对关注转向对人的关注和与公众的对话,从而为发展传播学提供了自我反思的坐标

---

① 转引自韩鸿:《参与式传播:发展传播学的范式转换及其中国价值》,《新闻与传播研究》,2010 年第 1 期。
② 龚伟亮:《传播学的双重公共性问题与公共传播学的"诞生"》,《新闻界》2013 年第 9 期。

与自我更新的机会①。作为对上述观点的佐证,参与式传播可以看做"公共传播学"与"发展传播学"融合的结晶,也标志着发展传播学从对技术要素的关注开始转向对人的要素的关注。这也是我们将发展传播学作为政府公共传播研究框架宏观价值导向的一个重要原因。

三、中观层面:传播与国家治理关系框架的价值规训

何为国家治理?"国家治理是国家政权的所有者、管理者和利益相关者等多元行动者对社会公共事务的合作管理,其目的是维护社会秩序,增进公共利益"②。这表明,在社会公共事务的管理中,除了政府以外,多元行动者要进行合作管理,也就是说治理是由多元主体与政府共担责任的手段。因此,多中心、网络化、合作管理,构成了治理概念的核心特征③。治理理论的兴起被认为是与政府的失效和市场的失效联系在一起的,是为补充政府管理和市场调节的不足应运而生的一种社会管理方式。其中,国家治理体系是指所有参与治理的主体活动的相互结合所形成的总体状态。国家治理能力则是指各个治理主体,特别是政府在治理活动中所显示出的活动质量;而要为实现国家治理体系和治理能力的现代化创造条件,最重要的就是要使治理体系的核心——政府,彻底改掉多年积累下来的各种严重的弊病,以全新的面貌来迎接这一艰巨的任务④。

因此,所谓政府治理,实际上是一个"一体两面"的问题:改善政府治理,首先要做的就是治理政府本身。当政府各项制度不完整、不完善甚至相互矛盾的时候,当同一级政府的不同部门之间和不同层级的政府之间存在着脱节、失序乃至冲突的时候,很难想象可以实现有效的政

---

① 龚伟亮:《传播学的双重公共性问题与公共传播学的"诞生"》,《新闻界》2013年第9期。
② 参见《专家圆桌:"第五个现代化"启程》,人民网—人民论坛2014年4月1日。
③ 参见《专家圆桌:"第五个现代化"启程》,人民网—人民论坛2014年4月1日。
④ 参见李景鹏:《关于推进国家治理体系和治理能力现代化——"四个现代化"之后的第五个"现代化"》,《天津社会科学》2014年第2期。

府治理。反之，有效的政府治理，也内在地要求政府首先要处理好与市场、社会的关系，承担适当的职能，提高施政质量，确立完备的规章制度，依法行政、科学执政、执政为民①。因此，国家治理是一个复杂社会环境下的社会发展模式；其中，有限政府与多组织力量的共同合作，被认为是解决国家与社会发展中核心问题的主要方式。

2013年，中共十八届三中全会《中共中央关于全面深化改革若干重大问题的决定》正式提出"推进国家治理体系和治理能力现代化"。尽管关于国家治理的理论呼吁早就出现，但在官方最高级别的文件中却一直未予表态。这次的《决定》第一次用"社会治理"替代"社会管理"。接下来，2014年的政府工作报告也提出："推进社会治理创新。注重运用法治方式，实行多元主体共同治理。"上述一系列官方表述被认为是"中国共产党在社会主义现代化框架下，继工业现代化、农业现代化、国防现代化、科学技术现代化后的第五个'现代化'目标"②。和前面四个现代化突出物质层面的现代化相比，国家治理体系与能力的现代化则直接指向了当前中国发展的"软实力"，强调国家权力运行的规范性，以及与不同社会力量的合作共赢。

传播与国家治理处于一种什么样的关系结构中呢？前文讨论公共传播效应的时候对此已经有所涉及，即"第一通过社会说服活动减少行政干预、法令和规章制度；第二增强政府与其人民间的相互理解；第三充分利用人的智力"③。以互联网为主渠道的第三代政治传播的兴起，其根本特征在于这一时期的政治传播通过互联网实现了社会不同群体之间的前所未有的沟通效果。关于政治沟通④理论发展的相关研究也对网络政治沟通给予了独特关注。研究者认为，政治沟通理论因为面

---

① 参见《专家圆桌："第五个现代化"启程》，人民网—人民论坛2014年4月1日。
② 参见《专家圆桌："第五个现代化"启程》，人民网—人民论坛2014年4月1日。
③ 参见江小平：《公共传播学》，《国外社会科学》1994年第7期。
④ 从英文的表达来看，政治传播与政治沟通都使用"Political Communication"。因此，在本书中两个概念对应的都是"Political Communication"，如无特别需要（如对他人翻译或表述的引述，只能根据文献自身的表述来使用），一般使用"政治传播"的说法。

临的传播形态的不同而经历了三个发展阶段,即"三论(信息论、控制论和系统论)"阶段、政治传播阶段和网络政治沟通阶段。在政治沟通研究的前两个阶段中,研究都强调政治沟通是政治系统的活动,政治沟通的目的就在于劝服和控制公众或维持既有政治秩序。因此,都存在着公共价值的缺失问题,没能体现公众参与的价值。网络政治沟通理论的研究取向则弥补了传统政治沟通理论的缺陷,强调要扩大公众参与的范围。政治沟通也因此被理解为政治主体与政治客体之间通过一定的渠道或媒介,就公共事务或公共利益进行对话与协商、以增进理解、达成共识的行为或过程①。此外,英国学者安德鲁·卡卡巴德斯等也总结出了网络对政治活动的四重积极影响:实现平民主义,促进公民直接政治表达;重塑公民社会,推动政治文化转变;促进公民获取信息及与决策者沟通;构筑电子政府,实现政府服务扩展与革新②。从上述研究的结论来看,以互联网为代表的传播技术正强化着传播与政治的关系;同时,因为新传播技术本身的草根性、开放性、互动性等特征已经改变了既有的社会权力关系格局,进而对国家治理体系和治理能力现代化起到促进作用。

从国家治理的框架来看,我国互联网对于"国家—社会"关系结构的影响具有社会科学研究的标本价值。"治理和善治理论的产生是突破民主两难困境的一种尝试,也是对传统代议制民主的一种纠正,即在现有代议制民主框架内增加直接民主的含量"③。作为现代社会实现广泛民主的一种重要方式,网络政治参与以其无可比拟的优势超越了

---

① 参见魏志荣:《"政治沟通"理论发展的三个阶段——基于中外文献的一个考察》,《深圳大学学报·人文社会科学版》2012年11月。
② 转引自孙萍、黄春莹:《国内外网络政治参与研究述评》,《中州学刊》2013年第10期。
③ Frissen. Politics. *Governance and Technology, A Postmodern Narrative on the Virtual State*. UK: Edward Elgar Publishing Limited, 1999, p. 122.

传统政治参与,呈现出巨大的魅力①。在我国,与互联网勃兴相伴随的是民间舆论场的兴起,尤其是传播去中心化的趋势,给了普通公众更多借助互联网平台公开表达权利诉求的机会,这直接扩大了普通公众政治参与机会的可能性空间。所谓"网络政治参与",也因此成为当代中国政治生活的一道独特风景。它主要是指"在网络时代,发生在网络空间,目标指向现实社会政治体系,并以网络为载体和途径参与社会政治生活的一切行为,特指利用互联网进行网络选举、网络对话和讨论、与政党及政界人士和政府进行政治接触以及网络政治动员等一系列政治参与活动"②。

就中国目前的社会发展情况来看,源于计划经济时期全能政府定位的单一权力中心格局,目前已经被市场与新传播技术这两种力量所改变,形成多利益群体和组织的复合体,而这正是"国家治理"理念提出的现实社会关系基础。市场经济体系培育了多元化的利益主体,而互联网赋予了这些利益主体使用大众传播平台宣示自身权利的机会。原有社会权力结构关系下,只有政府手中才有麦克风,普通公众政治参与机会相对偏少,政治参与成本也比较高。而当公众与上述两个力量结合,则可以通过民间舆论场的形式直接启动与既有权力关系的对话。我们由此也可以认为,在多主体的社会权力关系的现实结构下,在当代中国"国家治理"体系与能力现代化的过程中,首要的国家治理能力是政府与其他多元化治理主体之间的对话和沟通能力,进而以"可沟通政府"为建设目标,实现政府从"独白"到"对话"的话语能力结构的转变。从本质上来看,"可沟通"的基础是"可信任",即,在信任基础上的沟通才是有效沟通,缺乏信任的沟通往往是事倍功半;因此,沟通能力的培育也是始于信任的构建。综上所述,建设"可沟通"、"可信任"的政府是

---

① 田惠莉:《善治理念指导下网络政治参与的发展现状及完善路径》,《佳木斯大学社会科学学报》2012年第6期。

② 李斌:《论网络政治参与的发展趋势》,《福建省委党报》2008年第2期。

国家治理共识达成、推动治理理念落实的基础性能力目标；同时也是治理能力现代化的首要能力目标。在一个治理主体日益多元化的时代，政府还在封闭的权力运行体系中奉行自说自话的管理理念，已经成为当代中国社会问题与矛盾冲突的主要原因。从当前我国政府在社会发展中遭遇到的问题来看，大部分是因为政府在其中扮演了不可沟通的角色。青岛植树事件、三峡大坝建设争议、厦门PX项目风波、南京移植梧桐树事件、上海至杭州磁悬浮建设争议、乌坎事件、个人所得税法案调整争论以及新医改政策等事件均已经表明，在公民权利意识日益强烈的当下中国，行政部门传统的社会管理模式，已经无法适应社会发展的需求。行政决策中如何吸纳多方合理的利益诉求和如何听取社会公众意见以提高其程序正当性已经成为各级政府必须解决的紧迫问题。多治理主体之间的利益协调，社会问题治理的协商机制，这些都对政府公共传播提出了新的要求。

同时，从政府传播能力治理的层面来看，互联网的影响也不可忽视。研究者发现，互联网在中国政治传播中具有十分重要的"去科层化"的功能[①]。由于传播内容和传播渠道受到政治组织控制，传统的中国政治传播基本上是一个封闭系统；科层的层级与链条过长，也使信息在公共传播中的失真较为严重。互联网的出现使政治传播呈现出扁平化和非线性的特点，进而打破了政治传播的科层制，使得层级传播中的信息不对称现象得到一定程度的克服。"去科层化"的互联网减少了政治传播的层级，提高了系统内的透明度，为政治决策提供了较为真实的信息环境；同时，互联网也重构了政治体系内的权力关系，使中央政府、地方政府与民意间的博弈格局发生一定变化。在中国的政治转型中，互联网对民主化的推动正是通过"去科层化"的机制来实现的。由此来看，互联网对于政府而言，有着"治理政府"和"政府治理"两个层次的促

---

① 参见潘祥辉：《去科层化：互联网在中国政治传播中的功能再考察》，《浙江社会科学》2011年第1期。

进价值，依托新技术，传播对国家治理能力现代化的影响也由此可见一斑。

如果说发展传播学只是为我们分析政府公共传播提供了一个相对宏观的框架的话，传播与国家治理则提供了一个研究政府公共传播的中观视角，即从传播如何促进国家治理能力提升角度来考察传播对于国家发展的具体效能。在上述两个层面的观照下，政府公共传播的基本价值取向和价值规训都与当代政治活动研究主流框架的演化保持了一致性，这保证了我们能够以更为开放与贴合的框架来考察政府公共传播面对的现实问题。

四、微观层面：政府公共传播研究的范式选择

目前国外和国内关于"政府公共传播"及其相关领域的研究都不在少数，且由于"政府公共传播"其跨学科的性质，研究范式也较庞杂。从目前的研究来看，政府公共传播的研究范式可以从已有政府传播研究范式和公共危机传播范式中确定价值取向，以避免单一范式带来的偏颇。

1. 政府传播的两个范式

高波对政府传播的研究认为，已有的诸多政府传播概念体现出两个主要走向：一是"政治学—行政学导向"，主要是从政府传播权力的合法性、传播过程的公共性、传播效果的服务性、传播制度的建构性等维度来立论；二是"传播学—信息学导向"，侧重从政府传播的功能、流程、策略、方法、技巧和横向比较等维度来阐发[①]。其中，前一类范式取向在研究的学科基础上选择了政治学或行政管理学，以这种视角来观察政府传播行为，因此在理论应用上也倾向于从政治学或行政管理学方面吸取理论营养，比较关注"权力"、"权利"、"统治"、"管理"、"治理"等

---

① 高波：《政府传播论》，中央民族大学2006年博士学位论文。

概念。这类研究多立足于"政府"、"公民"、"社会"三个维度来考察政府传播行为。有的从政府视角出发,认为信息传播可以服务于政府的管理工作,降低政府的工作成本,也有益于引导舆论、维持政府治理的稳定、有效;而有的是从公民与社会视角出发,认为政府和公民间的信息传播伴随着权力的转移和普及,社会的管理权从政府逐渐下放到社会,促进了民主政治发展。

与前一种取向强调政府公共传播的主体——"政府"的特性相比,后一类范式取向则更注重"传播"的技巧和策略,强调源于美国传播学研究传统的"行政学派"的功能性价值取向。这类研究多借鉴传播学和信息论的观点,对政府公共传播的整个信息传递流程进行解剖,然后逐个进行分析,强调互动沟通对于预期效果达成的重要性。该范式关注的是传播行为的特征、功能以及流程的各个环节,最终多落脚于传播策略的改进层面。在价值立场层面,这一取向的研究较多关注作为传播主体的政府的传播目的是否达到,传播效率的高低,即便是关注受者的传播需求,也是基于传播目标的实现与否。这一研究范式的价值取向以实用而著称,但其立场也常常受到来自欧洲批判学派的质疑。

上述两个范式其实是政府公共传播的两个侧面,需要相互观照才能实现"公共传播"的价值目标。这也是我们在研究政府公共传播时需要注意的两个方面:不仅重视传播策略的重要性,也要注重从社会权力关系入手,在保障"公共利益至上"的前提下发挥各类传播技巧的效能。

2. 公共危机传播的三个范式

目前,公共危机传播的理论研究主要有两种取向:一是管理取向,二是修辞取向[①]。其中,"管理取向"聚焦于危机传播中的"传者"环节,即"组织"自身(尤其是其公关部门)的自主性、专业性、决策能力和传播/沟通策略的有效性等问题。这一取向与传播效果研究一脉相承,大

---

① 参见史安斌:《从"传者中心"到"受者中心":危机传播理论和实践的范式转向》,《中国社会科学院报》2009年5月26日。

多采用定量研究的方法。"修辞取向"则聚焦于危机传播中的"信息"环节，探讨危机发生后组织的"形象管理"和"辩护"策略，旨在帮助"组织"运用各种话语和符号资源来化解危机、挽回形象。这一取向与修辞学和说服学一脉相承，大多采用定性研究方法。从总体上看，无论是"管理取向"还是"修辞取向"，都没有摆脱那种"亡羊补牢"式的"行政式研究"范式（即政府传播研究中的传播学—信息学范式）的局限性。这种"行政式研究"最大问题是缺乏对社会现状、机制和权力关系的反思与批判。这两种研究取向都是事先将"组织"预设为危机传播的主体，其关注对象是危机事件中组织的利益与形象，而对受众利益的关注和受众话语的表达与维护比较少见。

对上述两类范式的反思引出了危机传播研究的第三条路径——批判取向。该范式从社会文化理论的视角出发，不再把危机传播视为一个线性的信息传递活动，而是一个动态的话语冲突和调和的过程[①]。它关注的是把危机当作"机遇"，旨在建立一种新的社会共识，从而建立起一个更有利于组织发展的传播机制和舆论环境。这其中，较为成熟的理论模式是麦克黑尔等人提出的"霸权模式"（Hegemony）[②]。这一模式认为，在一个多元化的社会文化体系当中，占主导地位的"宰制性群体"通过与其他社会群体——尤其是边缘弱势群体的协商和谈判，达成一种价值观和意识形态上的共识——即所谓的"常识"。从传播学角度看，霸权就是某个社会群体——即危机传播中的"组织"——在传媒、文化和意识形态领域内的领导权。与之相应，危机传播过程就演化为不同组织争夺这一领导权的过程。

综合考量政府传播的两个研究范式与公共危机传播的三个研究范式，我们认为，政府公共传播研究范式的确立，不仅要考虑政府组织的

---

① 参见史安斌：《危机传播研究的"西方范式"及其在中国语境下的"本土化"问题》，《国际新闻界》2008 年第 6 期。
② 参见史安斌：《从"传者中心"到"受者中心"：危机传播理论和实践的范式转向》，《中国社会科学院报》2009 年 5 月 26 日。

个体利益,还要考虑社会发展的整体利益;不仅要关注微观传播策略的契合,也要关注宏观社会权力结构的民主化演化。公共传播意味着政府要秉承"公共利益至上"原则,理性地面对公众的知情权、表达权、参与权和监督权。政府传播不仅仅是"一个信息公开的问题,它更是一个国家如何进行社会对话、如何面对社会参与的问题"[①]。基于此,政府公共传播研究范式应遵循以下价值取向:从公共性建设的视角出发,在优化"政府—社会—公众关系"的总体目标下提出行之有效的传播策略,进而在推动政府治理能力现代化的过程中促进社会整体的发展。

案例一 "@上海发布"的沟通策略[②]

和全国政务微博的发展情况相比,上海政务微博的起步并没有居于领先地位。但是却出现了"@上海发布"、"@警民直通车"、"@上海地铁 shmetro"等一批具有广泛影响力的政务机构微博。其中,"@上海发布"表现尤为突出,自上线以来,已经连续两年位列《新浪政务微博报告》"全国百大政务微博排行榜"年度第一。人民网舆情监测室发布的《2012年上半年新浪政务微博报告》是这样评价"@上海发布"的:"在上海政务微博群中,'上海发布'发挥了重要的'龙头'作用,有效发挥了公开政务、沟通民意、回应舆论和解决问题的积极作用。"

"@上海发布"是上海市人民政府新闻办公室的官方微博,于2011年11月28日在新浪网、腾讯网、东方网、新民网同时上线,立刻引起网友热烈关注,20分钟内粉丝总数破万。"@上海发布"旨在及时发布权威的上海政务信息,努力提供涉沪实用资讯,回应群众关切问题。不仅如此,以它为龙头的政务微博群在上海已基本实现各区县、委办局"全

---

① 张洁:《社会风险治理中的政府传播研究》,复旦大学(博士论文·2010年)。
② 本案例由张梅芳综合媒体报道与相关研究文献等整理完成。

覆盖"。400多家单位,在新浪网、腾讯网、东方网和新民网4个微博平台,开通微博账号近800个,粉丝总量超过1 100万人次(截至2012年4月13日统计数据)。目前,"@上海发布"以上海市政府新闻办为主进行管理,市政府办公厅协助,设立专门的新媒体办公室。其工作人员实行专、兼职相结合的制度,共有9名成员,其中来自市政府综合处1人、应急处1人,媒体单位4人和新闻办3人。这一复合化的人员构成对于微博的快速反应给予了制度层面的保障。本案例以"@上海发布"在新浪微博平台的沟通策略为例进行分析。

一、"@上海发布"基本沟通情况

1. 微博发布条数和时间较为固定

"@上海发布"自2011年开通至2014年9月28日,已经拥有5 057 039位粉丝,共发布24 324条微博,平均每天发布23—24条微博。微博发布时间与市民作息规律较为吻合。依据统计,"@上海发布"微博发布高峰为7:00—8:00、9:00—12:00、14:00—18:00,其次是12:00—14:00、18:00—19:00、21:00—22:00。其中7:00—8:00发布的内容以天气、空气质量、交通状况为主,9:00—12:00、14:00—17:00两个时段则发布与上海相关的新闻资讯、时事要闻、突发新闻、动态信息、最新事件等新闻资讯,12:00—14:00主要发布午间时光、都市文艺、节庆活动、菜里乾坤等轻松休闲内容,17:00后以天气、交通、便民提示为主,21:30后则灯下夜读、每日一书、畅销书榜等占据主要内容。

2. 发布形式:标题化、专栏化、常使用图片和长微博、语言亲民

为方便网友阅读,"@上海发布"在每条微博内容前通常会使用"【】"概括其核心信息,同时使用"##"对微博内容进行分栏归类。目前,"@上海发布"已形成了早安上海、空气质量、轨交出行、上海新闻、图解新闻、便民提示、交通资讯、天气预报、灯下夜读、午间时光、连线区县等固定的重要栏目。

"@上海发布"90％以上的微博配有图片或长微博,以使内容更加生动、形象,信息更为完整。其用语采用亲民路线,新闻信息尽量软化、民生服务信息则不失俏皮可爱。以2011年12月12日的一条"气温今起反弹,棉毛裤别急着脱掉"的微博为例(参见图1-2),该条微博创造的"me more cool"受到网民的追捧,截至当年年底转发量达1 732次。

图1-2　天气预报栏目:"气温今起反弹,棉毛裤别急着脱掉"

3. 固定互动话题,打通线上线下

为加强与网民的互动并扩大影响力,"@上海发布"开设你问我答、微访谈、微调查、回应、紧急求助、微问答等固定互动话题。截至2014年8月12日,"@上海发布"共有724条微访谈的搜索结果、490条你问我答、245条微问答,对"持居住证人员孩子医保办理"、"申请陆家嘴金融城人才公寓"、"加班工资怎么算"等基本的民生问题等给予解答,邀请过"@上海地铁 shmetro"、"@警民直通车—上海"等微博团队进行微访谈。

二、"@上海发布"的沟通策略

在政务微博运营模式方面,"@上海发布"形成三点共识:不一定最快,但一定最权威;不是"有求必应",但一定要有信息满足"粉丝";是一个凝聚人心的地方①。正是这三点构成了它的沟通策略的基本规范,并成为该微博团队良好运营的"法宝"。

1. 遇到突发事件,尽快发布消息,实时更新,慎报原因

上海市应急系统的建立和"@上海发布"扁平化的管理制度使得上海发布微博团队能够在较短时间内对突发事件予以确认和发布。2012年4月3日凌晨,"@上海发布"发布微博:"【最新:闵行区发生1.2级地震】据上海地震台网测定:2012年4月2日23时27分51.9秒,在上海市闵行区发生1.2级地震,震中位置北纬31.1度,东经121.5度。"该条微博在新浪微博转发量达到5.6万次,第一时间平息了网上各种猜测和谣言,给网友吃了颗定心丸。

突发事件有高度不确定性,受限于信息获取不完全等因素,其信息传播很容易存在偏差。为此,"@上海发布"采取实时更新的办法滚动播报突发事件信息。2012年4月22日,上海市一旅游大巴在江苏境内发生车祸,由于现场情况不明,"@上海发布"自当天下午至晚上,连续发布5条微博信息,实时更新前方核实的事故信息、伤亡人员及救治情况等。

对于上海市"4·22"车祸的原因,网上流传是由于爆胎所致。在调查结果没有公布之前,"@上海发布"并没有过早下结论,而是及时更新事故信息、发布救治情况,并很快转向善后工作,跟进发布全市开展交通安全、旅游市场检查整顿等情况。事后调查结果表明,事故车辆没有出现爆胎。

2. 热点事件,持续关注,站在受众角度,回应受众关切

2013年3月,上海黄浦江松江段水域出现大量漂浮死猪。3月11日,"@上海发布"发布第一条有关死猪的微博:"【关注】至昨晚,松江、金山区水域已打捞起邻省漂至黄浦江上游的死猪2 800余头,并作无

---

① 参见毛开云:《政务微博"上海发布"成功的五点启示》,中国江苏网2013年3月15日。

害化处理。本市环保、水务部门加大取水口监测密度和水面巡察,松江、金山等供水企业出厂水符合国家卫生标准。经核查,初步确定死猪主要来自浙江嘉兴地区,本市没有发现向江中扔弃死猪现象,也没发现重大动物疫情"。网友对此条微博没有买账,对水质检测提出质疑。

3月12日至3月24日,"@上海发布"以"【后续】"为关键词,每天持续跟踪,对受众关心的问题予以回应,发布死猪打捞情况;并通报政府应对措施,例如,提高水质监测频率,增加水质检测指标,对病毒进行筛查,对死猪进行无害化处理,进行常态化管理等,同时配以长微博详述情况。在微博发布过程中,对某些信息适当重复,以减轻受众疑虑并扩大信息的影响范围;同时采取"【你问我答】"的方式进行释疑和沟通,并抄送相关网友。如,"【你问我答:死猪打捞后如何无害化处理?】"、"【你问我答:黄浦江漂浮死猪组织样品均未检出砷】"(参见图1-3)。

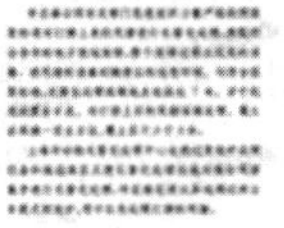

图1-3 "你问我答"化解危机

3. 打捞民意,呈请相关部门回应

2012年2月27日,上海市民秦岭在人人网上发布《一名癌症晚期病人家属致上海市委书记的信》,详述其1个月来陪父亲辗转多家医院无人收治的就医难问题。2月28日下午,一名网友将这封信发布到新

浪微博中,在2万多次的转发中,许多网友@了"@上海发布"。2月29日"@上海发布"发布了"【上海市委书记俞正声同志给市民秦岭的回信】",该条微博转发量达10 563次,并成为"@上海发布"下情上达、打捞民意、官民互动的经典案例(参见图1-4)。

图1-4 俞正声同志给市民秦岭的回信

4. 联合政务微博群和事件当事人,参与对话,解决问题

2014年7月20日,上海广播电视台记者通过暗访,曝光上海福喜食品有限公司将过期肉类原料重新加工、更改保质期。该公司生产的麦乐鸡、肉饼等均供应给了麦当劳、肯德基等国际著名餐饮连锁大客户。当日晚,"@上海发布"发布"【上海福喜食品已被查封!监管部门责令下游企业立即封存相关食品原料】"(参见图1-5),并@"上海食药监",同时"欢迎媒体和市民监督举报"。7月21日,该微博平台对涉事的下游企业的动作和回应予以报道,并@了"肯德基"、"麦当劳"、"德克士Dicos"、"宜家家居IKEA"、"赛百味中国官方微博"等当事人,共同参与对话,解决问题。

【上海福喜食品已被查封！监管部门责令下游企业立即封存相关食品原料】#最新#@上海食药监 刚刚发布，已同公安部门连夜彻查涉嫌用过期原料生产加工食品的上海福喜食品有限公司。目前该企业已被查封，涉嫌产品已控制。监管部门责令福喜下游相关企业立即封存来自该公司的食品原料。欢迎媒体和市民监督举报！

上海发布

7月20日 22:59 来自微博 weibo.com   👍(212) | 转发(2579) | 收藏 | 评论(639)

图 1-5　@上海发布：上海福喜视频已被查封

第二章

政府为何需要公共传播

传播之于政府,究竟该是何种关系?美国第四任总统詹姆斯·麦迪逊对此曾有过这样的观点:"一个人民的政府如果不给人民提供信息或获得信息的渠道,那么它将成为一出闹剧或悲剧的开端——也许两个都是"①。而在他之前的美国总统托马斯·杰斐逊对传播媒介的偏爱甚至胜过政府本身,他曾经满怀激情地宣称:"如果由我来决定我们是要一个没有报纸的政府还是没有政府的报纸,我将毫不犹豫地选择后者"②。很显然,前者强调了政府与媒介合作关系的重要性,而后者则通过假设了政府与媒介的对立,更进一步突出了媒介传播对于一个国家与社会发展进步的独特价值。在美国学者杜威看来,传播是民主的中心,它不仅扮演着联结公民的角色,而且扮演着解答个人与社会利益矛盾的角色。他甚至宣称:"传播是人类生活唯一的手段和目的。作为手段,它把我们从各种事件的重压中解放出来,并能使我们生活在有意义的世界里;作为目的,它使人分享共同体所珍视的目标,分享在共同交流中加强、加深、加固的意义……传播值得人们当作手段,因为它是使人类生活丰富多彩、意义广泛的唯一手段;它值得人们当作生活的

---

① 转引自王勇:《论新媒介环境下的政府公共传播》,《昆明理工大学学报·社会科学版》2010年第6期。

② J·赫位特·阿特休尔:《权力的媒介》,华夏出版社1989年版,第32页。

目的,因为它能把人从孤独中解救出来,分享共同交流的意义"[1]。因此,所谓传播的价值亦在于政府能够通过传播过程与公众分享其信息与价值判断。伊尼斯在《帝国与传播》一书中则为我们展示了一种国家统治与传播发展的历史观。他认为,政府作为国家的权力中心,其传播行为构成了统治行为的重要一环;传播技术为传播行为提供了物质上的可能,政府的传播行为正是在技术的支撑下才完成对领地的统治。伊尼斯对帝国的观察揭示了负载在传播工具上的"传播"对国家管理的作用,他甚至认为国家疆域并非是铁蹄所至之处,而是政府能有效传达"一元声音"和"国家理想"的覆盖面积[2]。

可是,政府传播的"公共性"何以可能?从对国内以官方媒体为主体的传媒改革的研究来看,"公共性"的传播目标正在被研究者们日益强调。例如,潘忠党2008年的研究认为,新一轮新闻改革应该以强调传媒公共性为核心[3]。李良荣2014年的研究也认为,三十余年的传媒改革,即不断探索如何更好地处理传媒与政府、市场、社会关系这一过程,深化了我们关于传媒公共性的认识。传媒改革的最终目标就是走向公共性。在社会变迁、政策变迁和媒介变迁的现实背景下,传媒公共性实践就是作为多元主体之一参与社会治理和国家治理,以平等、公平、公正、开放为圭臬,为多元社会中的各利益群体提供意见表达和沟通的平台,从而"制造社会共识"。这也是传媒和政府、市场、社会各自目标和利益的最佳契合点[4]。2013年10月1日,国务院签发了《国务院办公厅关于进一步加强政府信息公开回应社会关切提升政府公信力的意见》(国办发〔2013〕100号)。该《意见》指出,我国下一阶段要重点解决当前政府机构存在的信息公开不主动、不及时,面对公众关切不回

---

[1] R. B. Westbrook. *John Dewey and American Democracy*. Ithaca, New York: Cornell University, 1991, p. 276.
[2] 参见哈罗德·伊尼斯:《帝国与传播》,中国人民大学出版社2003年版,第8—20页。
[3] 潘忠党:《传媒的公共性与中国传媒改革的再起步》,《传播与社会学刊》(总)第6期(2008年)。
[4] 李良荣、张华:《参与社会治理:传媒公共性的实践逻辑》,《现代传播》2014年第4期。

应、不发声等问题；要着力建设基于新媒体的政务信息发布与公众互动交流新渠道，要求各地区各部门应积极探索利用政务微博、微信等新媒体，及时发布各类权威政务信息，尤其是涉及公众极为关注的公共事件和政策法规方面的信息，并充分利用新媒体的互动功能，以及时、便捷的方式与公众进行互动交流[①]。

基于上述基本判断，本章拟探讨"政府为何需要公共传播"这一政府公共传播研究所必须回应的首要问题，厘清政府公共传播的价值所在以及当前面临的主要问题与挑战。

第一节 政府是谁：公共管理视野下的政府角色定位

一、从管理者到服务者：西方政府角色的演变

政府公共传播所要解决的首要问题是要回应"我是谁"的问题，即政府对自我社会角色的认定。政府的自我定位是公共传播的逻辑起点，也决定了最终通过公共传播传递给公众何种形象。关于政府的角色、功能、自我定位的阐释，可以参考公共管理诸多理论演变中政府角色的变化，以及当代公共管理实践中的价值取向演化。

政府指什么？在我国理论界，对政府的定义通常有广义和狭义两种理解。广义政府概念在传统的政治学意义上等同于三权分设的立法、行政和司法机关的总称；狭义政府概念则是指国家权力的执行机关，即行政机关。综合考虑我国行政系统的主体构成，并兼顾国内同行研究的惯例，我们这里拟采用广义的政府概念，具体是指在现代社会中行使公共权力，进行政治调控、社会管理和公共服务的国家组织机构及

---

① 参见国务院：《国务院办公厅关于进一步加强政府信息公开回应社会关切提升政府公信力的意见》，2013 年 10 月 1 日。

其专职人员的统称①。从地域上来讲,一国的政府包括中央政府(国家最高行政机构或其核心部分的内阁)和地方各级政府。从构成上来讲,有宏观和微观两种解释。宏观的政府仅指作为整体的组织,如国务院、新闻办;而微观的政府则包括其微观构成,即公务员、新闻发言人这样的公务人员个体。

从西方政府角色的演变来看,资本主义发展早期,政府被当成"必要的祸害",政府被规训的基本原则也被总结为"管得越少的政府就是越好的政府"。发生在1929年的空前规模的经济危机改变了西方国家对政府在社会发展中的角色的判定。以"罗斯福新政"为标志,政府在社会发展中扮演的积极角色给予了人们更多的希望,这也直接导致了政府职能的大规模扩张。这种扩张主要体现在经济职能和社会职能两个方面②。经济职能的扩张表现为政府对市场和经济生活的大规模干预,其主要标志是凯恩斯主义宏观经济政策的盛行和随后的微观经济管理活动(如市场管制、保护产业的规制等)。社会职能扩张在美国经历了20世纪30年代和60年代两次高峰,在欧洲表现为20世纪40年代后期开始的建立"人民社会主义"和"福利国家"的努力。政府职能的扩张导致的结果是政府规模的不断膨胀。伴随着进入1980年代后西方国家普遍面临外部经济环境的恶化,政府也开始面临严重的财政危机,而"伴随财政危机的是管理危机和信任危机"③。

随后兴起的新公共管理理念起源于英国撒切尔夫人的政府改革,即以构建"企业家政府"为目标。按照戴维·奥斯本和特德·盖布勒的概括,新公共管理主要有十个方面的特征④:起催化作用的政府:掌舵

---

① 参见张洁:《社会风险治理中的政府传播研究》,复旦大学2010年博士论文。
② 参见唐兴霖、尹文嘉:《从新公共管理到后新公共管理——20世纪70年代以来西方公共管理前沿理论述评》,《社会科学战线》2011年第2期。
③ 周志忍:《当代西方行政改革与管理模式转换》,《北京大学学报》(哲学社会科学版)1995年第4期。
④ 参见唐兴霖、尹文嘉:《从新公共管理到后新公共管理——20世纪70年代以来西方公共管理前沿理论述评》,《社会科学战线》2011年第2期。

而不是划桨;社区拥有的政府:授权而不是服务;竞争性政府:把竞争机制引入提供服务中去;有使命感的政府:改变照章办事的组织;讲究效果的政府:按效果而不是投入拨款;受顾客驱使的政府:满足顾客的需要而不是官僚政治的需要;有事业心的政府:有收益而不浪费;有预见的政府:预防而不是治疗;分权的政府:从等级制到参与和协作;以市场为导向的政府:通过市场力量进行变革。新公共管理强调以"效率"为中心,通过引进工商企业管理理论来改进公共部门,以提高公共部门的效率。这一做法有些类似于我国改革开放初期实行的"事业单位、企业化管理"的行政理念,寄希望于通过企业管理的方式提高政府的效率并节省政府运行的成本。这种管理理念虽然从某种意义上确实可以提高管理效率,但在实践中很容易导致公平、正义等民主价值的弱化,从而与"公共行政"的政府本质背道而驰。公共行政在本质上是以追求人民主权、公民权利、人性尊严、社会公正、公共利益、社会责任等价值而存在的,如果这些最根本的价值被摒弃,那么追求的管理效率是谁的效率?正因为如此,新公共管理理论受到尖锐的批评[①]。不过,我们也要看到,新公共管理的主张也逐步改善了"政府—公众"关系的现实基础。政府不再是高高在上、"自我服务"的官僚机构。公民作为"纳税人",是享受政府服务作为回报的"顾客",政府服务应以顾客为导向,应强化公共服务质量意识,增加对社会公众需要的响应力[②]。

　　随后兴起的是新公共服务理论、整体政府理论和网络治理理论。其中,新公共服务理论是指公共行政在以公民为中心的治理系统中所扮演角色的一整套规范理念[③]。与以往传统行政理论将政府置于中心位置而致力于改革和完善政府本身不同,新公共服务理论将公民置于

[①] 参见唐兴霖、尹文嘉:《从新公共管理到后新公共管理——20世纪70年代以来西方公共管理前沿理论述评》,《社会科学战线》2011年第2期。
[②] 倪颖:《当代新公共管理理论述评》,《同济大学学报(社会科学版)》2000年12月。
[③] 参见杨国良:《新公共管理与新公共服务理论述评与启示》,《福州党校学报》2009年第5期。

整个治理体系的中心;强调公共管理的本质是服务,政府和公务员的首要任务是帮助公民明确表达并实现其利益,而不是试图去控制或驾驭社会。新公共服务理论主张,在当今日益复杂和多元的社会中,政府只是公共事务和公共议程中众多参与者之一,其角色应由控制者转变为服务者,从主导控制转变为议程安排,并对这种基于共享价值观基础上的公共利益做出积极的回应。其中,公意的达成和公益的实现是政府追求的根本目标。因此,新公共服务理论推崇公共服务精神,旨在提升公共服务的尊严与价值,重视公民社会与公民身份,重视政府与社区、公民之间的对话沟通与合作共治①。新公共服务再次确证公共行政的公共性与公共利益等核心目标,最终推动政府由管理主义的行政理念向服务至上的行政理念转变②。上述理念为当代盛行的"协商民主制度"的实现提供了理论基础;同时,这一理念在互联网快速崛起的背景下对于中国社会权力结构中的政府角色定位也给出了新的启示,即政府需要从"全能政府"转向"有限政府",从社会生活的诸多领域退出,并基于和社会公众、非政府组织之间的合作,共同推动社会共识的达成,推动社会问题的有效解决。

整体政府(Holistic Government)是针对新公共管理改革导致的政府管理碎片化的弊端而出现的一种新的政府管理理论③。整体政府是一系列企图通过横向和纵向协调的思想与行动以实现预期利益的政府治理模式。它包括四个方面的内容:消除政策互相破坏与腐蚀的情境;更好地使用稀缺资源;促使某一政策领域或网络中关键的利益相关者团结协作;为公民提供无缝隙而非碎片化的相关服务。

---

① 参见唐兴霖、尹文嘉:《从新公共管理到后新公共管理——20世纪70年代以来西方公共管理前沿理论述评》,《社会科学战线》2011年第2期。
② 杨国良:《新公共管理与新公共服务理论述评与启示》,《福州党校学报》2009年第5期。
③ 参见唐兴霖、尹文嘉:《从新公共管理到后新公共管理——20世纪70年代以来西方公共管理前沿理论述评》,《社会科学战线》2011年第2期。

网络治理理论认为,治理战略分为经营管理和网络构建①。前者是指对现有网络结构内的关系进行管理,常常需要政府为妥协创造出共同决策的环境;后者则指改变或参与网络结构的努力,这包含更多的介入式参与,要求改变行为主体之间的关系,转变资源分配方式,寻求政治上的变动。政府应当通过发达的网络技术,配合以更多自下而上的决策途径来实现社会治理。在具有相当大的不确定和复杂性的背景之下,公众参与的范围不断扩大,提高了决策过程的合法性。从网络治理理论的主旨来看,政府并非社会治理的唯一主体,而是要和其他社会力量一起合作,共同完成社会发展的促进任务。这一特征和互联网时代我国部分地方政府在处理危机事件时候的主动选择表现出了较高的一致性,即打通"官方舆论场"和"民间舆论场"之间的隔阂、降低社会治理各个主体之间的摩擦力,以促进社会协同发展为最终目标。

二、公共性与自利性的博弈:当代我国政府角色演变的内在冲突

由于和西方国家政治体制的不同,"政府"这一概念在中国语境中的所指还需要做一个特别的说明。从前述关于"政府"的定义来看,政府是指在现代社会中行使公共权力,进行政治调控、社会管理和公共服务的国家组织机构及其专职人员的统称。在中国,上述"政府"的功能实际上由"党和政府"共同承担的。因此,本文中提到的中国的各级"政府"是指通常意义上的"党和政府"②。在此基础上,参照西方政府角色的演进,对转型时期我国政府角色演化的研究也有一些独特的发现。

按照布坎南的说法,政府是理性经济人,有自己的利益偏好,它既

---

① 参见唐兴霖、尹文嘉:《从新公共管理到后新公共管理——20世纪70年代以来西方公共管理前沿理论述评》,《社会科学战线》2011年第2期。

② 这一界定参考了张洁博士论文《社会风险治理中的政府传播研究》(复旦大学·2010年)中对于政府的界定。我们认为这比较符合我国当前行政系统运行的实际情况;而且张洁博士也观察到,在实际的运作上,比如党的宣传部门和政府新闻办公室一直是"两块牌子,一套人马"。

执行社会经济管理者的一般职能,又有着自己独特的利益要求①。政府角色的这一两面性冲突在我国过去30余年的社会发展中一再被证实,并被不断复杂化。有研究者发现,在人事权高度集中于中央、经济权力不断下放的双重约束下,地方政府官员具有双重的身份特征:一方面像市场上的其他经济主体一样,为了实现本地区税收收入的最大化而关注地方经济发展,具有了"经济参与人"特征;另一方面,中央把官员的晋升与地方经济发展绩效相挂钩的管理模式,使得地方政府为了能够得到政治上的晋升、获得晋升所带来的政治收益,也在"官场"上为晋升而竞争,从而具有了"政治参与人"特征。在财政分权和晋升激励的双重约束下,地方政府之间展开了"为增长而竞争"的政治锦标赛②。在这一社会发展的既有格局下,有研究者总结出当前我国政府角色的三个特征③:①地方政府的角色在经济领域中积极性大于消极性,而在民生领域中消极性大于积极性,转型期地方政府是一个明显的经济建设型政府。②转型期地方政府的角色呈现出较大的不确定性和矛盾性。地方政府角色的不确定性不仅体现在空间性差异和历时性差异,而且表现为转型期地方政府具有较强的敏感性,制度环境中一丝较小的变化可能引起地方政府"判若两人"的行为模式和角色选择。③地方政府在经济和社会发展中既可以成为"掠夺之手",也可以成为"扶助之手"。从本质上讲,"政府应当以提供公共产品和服务作为自己的根本任务;但是,当个体天然的自利倾向同政府组织的权力结合起来,政府组织的自利性就凸显出来"④。同时,转型期政府因为参与政绩竞赛,往往偏好经济发展目标。这一角色定位使得政府对社会发展绩效的感知与评估框架和公众存在根本性的分歧,公共性与自利性的冲突成为

---

① 参见杰佛瑞·布坎南、詹姆斯·布坎南:《宪政经济学》,中国社会科学出版社2004年版,第5页。
② 参见乔俊峰:《中国如何跨越"中等收入陷阱"——基于地方政府治理转型视角的分析》,《现代经济探讨》2013年第9期。
③ 参见鲁敏:《转型期地方政府角色研究述评》,《湖北行政学院学报》2012年第1期。
④ 转引自鲁敏:《转型期地方政府角色研究述评》,《湖北行政学院学报》2012年第1期。

当代中国各级政府面临的最主要的社会治理风险;而且,很多时候,这一风险经由政府传播被放大,成为群体性事件爆发的主要诱因。

关于执政理论的相关研究认为,执政目标主要包括两个:一是执政有效性,二是执政合法性。执政有效性是指执政给经济、社会和文化发展带来的符合其内在规律的实际效果①;而所谓合法性是指政治权力在对社会进行政治统治或政治管理时何以得到社会或公众认可的问题②。合法性本质上是社会公众的心理认同,拥有这种心理认同,执政党才能将权力转化为权威,政府的治理才能顺畅有效。而就两者的关系而言,研究者认为,"高有效性未必一定就会拥有高合法性,这是发展中国家执政党经常会遇到的问题"③。我们可以从近年来群体性事件数量(参见表2-1)的演化观察上述政府角色的内在冲突对于社会冲突带来的影响:

表2-1 1994—2012年中国群体性事件数量统计表(单位:起)④

年份	1994	1999	2003	2004	2005	2006	2009	2011	2012
数量	1万	3.2万	6万	7.4万	8.7万	9万	10万	18.25万	25万

由表2-1可知,我国群体性事件从1994年的1万起增加到2004年的7.4万起,用了10年的时间;2011年,群体性事件数量更是比2006年翻了1倍之多,超过18万起,只用了5年的时间;到2012年,我国群体性事件发生数量出现了爆发式增长,达到25万起,比2011年多了近7万起,接近1994年到2004年10年的发展速度。这表明,我国当前社会发展模式既有的内在矛盾冲突已经进入到了一个普遍的爆发期。同时,据《法治蓝皮书:中国法治发展报告》(2009)的调查显示,当前我国群体性事

---

① 参见林尚立:《中国共产党执政方略》,上海社会科学院出版社2002年版,第170页。
② 参见郑丽勇:《新闻执政及其合法性效应考察》,《南京社会科学》2010年第10期。
③ 参见郑丽勇:《新闻执政及其合法性效应考察》,《南京社会科学》2010年第10期。
④ 数据来源:中国法制网舆情监测中心,《2012年群体性事件研究报告》;转引自钟云华、余素梅、喻丽霞:《网络舆情在群体性事件中的作用分析》,《长沙大学学报》2013年第11月。

件的发生存在六大诱因:地方政府与民夺利,社会贫富差距拉大,社会心理及社会舆论对分配不公、不正当致富表现出的强烈不满,普通公众经济利益和民主权利受到侵犯,个人无法找到协商机制和利益维护机制,社会管理方式与社会主义市场经济及人民群众日益增长的民主意识不适应;其中,地方政府与民争利的因素占据了70%以上的比例,因此被认为是群体性事件爆发的"罪魁祸首"①。这一结论验证了我们对上述群体性事件快速发展原因的推断,同时也揭示了政府有效性与合法性之间的关系的已经严重紧张,到了亟需改善的时刻。

"如果政府活动没有很好地解决其行为的价值取向,政治制度或政治活动无法保证社会公众谋求到他们所期望的政治利益,其合法性就势必失去群众基础"②。很显然,政府两个执政目标的实现,有效性需要政府立足于协调发展社会;而合法性则需要政府与公众之间存在共识。共识如何达成?这就取决于政府能否在社会发展中以一个"可沟通、可信任"的角色出现,即在公共性和自利性角色之间达到一个均衡。基于合法性本质上是社会公众的一种心理认同,而高执政有效性也未必就能拥有高合法性;因此,"合法性一方面有赖于执政党加强自身的执政能力建设;另一方面,如何有效地与社会公众建立良好的沟通关系,树立良好的执政形象无疑是至为关键的环节"③。政府执政有效性与合法性的这一辩证关系恰恰说明了政府公共传播对于执政合法性获取的重要支持作用。

基于上述对中外政府角色的分析,我们大致可以对当代社会中政府角色的主要特征予以总结如下:

(1) 在政府所有的角色中,公共性是其首要角色,并因此必须秉承公共利益至上的核心原则。政府的任何角色和利益诉求只能基于公共

---

① 转引自《2008年群体性事件震动中国 与民争利是"罪魁祸首"》,《法治与社会》2009年第1期。
② 郑丽勇:《新闻执政及其合法性效应考察》,《南京社会科学》2010年第10期。
③ 郑丽勇:《新闻执政及其合法性效应考察》,《南京社会科学》2010年第10期。

利益的实现才有其合法性;同时,任何诉求凌驾于这一属性之上都会构成社会发展的灾难性后果。20世纪早期,孙中山先生就提出"天下为公"的执政理念;新中国建立后我国政府也提出"为人民服务"作为执政党执政的根本宗旨。近期中国共产党提出"立党为公、执政为民"等政治理念都体现了政府角色中公共利益至上的价值诉求和优先地位。政府在实际的运行中如何保障上述理念得以充分的实现,这是我国目前推动的国家治理体系与治理能力现代化所要解决的关键问题所在。

(2)伴随着社会生活的日益复杂化,所谓全能政府的角色正逐步让位于有限政府。和西方发达国家数百年演变而成的"小政府—大社会"社会关系结构相比,源于长期的大一统与中央集权政治传统,"大政府—小社会"社会关系结构在我国依然十分明显,政府在社会权力结构中拥有对资源配置的绝对优先权。这样的社会关系背景下,公众对政府、甚至政府对自身都很容易幻生出"全能政府"的角色期待。而就全球的情况来看,有限政府已经成为政府角色发展的主导性趋势。政府不是插手几乎所有的社会领域,而是逐步收缩,专注于自身应该涉足的社会业务范围。

(3)基于有限政府的角色定位,社会治理过程中的政府需要与公众、非政府组织等多种治理主体合作、协同,共同完成推动社会良性发展的时代使命。这要求政府必须具备和公众、非政府组织实现顺畅沟通的基本能力,在协商的过程中消除误解、达成共识,推动问题的妥善解决。互联网作为我国过去20年舆论格局演变中最大的一个变量,大大丰富并加快了当代中国社会演化的进程,也加快了我国政府从全能型政府向有限政府转变的速度。

上述三个关于政府角色的基本界定是我们分析、判断政府公共传播是否符合社会发展要求的出发点,也是我们探讨政府公共传播矛盾冲突原因与化解方向的逻辑起点。波澜壮阔的中国社会变革实践为我们的研究提供了丰富的案例和问题,我们也会立足这一现实,思考政府公共传播的价值和方向。

第二节 政府公共传播的价值目标分析

从当代国家治理体系与治理能力现代化的视角来看,政府公共传播不仅是政府治理的需要,也是社会治理的需要。因此,分析政府公共传播的价值目标需要从政府与社会两个层面着手。

一、可沟通政府是实现国家治理现代化的关键

伴随着社会主义市场经济体系的逐步建立,市场主体的多元化必然带来利益主体的多元化,多元化的利益主体之间的沟通是否顺畅直接决定着国家治理效率的高低。在这一利益博弈与对话的过程中,作为当代国家治理现代化的核心角色,政府需要与各个治理主体之间互通有无、消除误解、达成共识,共同推动社会的发展进步;而政府这一使命的实现本身就是一个可沟通政府的建设过程。政府公共传播所做的核心工作应该是沟通政府和公众,政府将与公众利益攸关的信息以及自身的施政主张及时全面地告知对方,公众也将自己的需求和看法及时地反馈给政府,以最终促成两者达成观念和行动上的一致性。传统上,大众传播媒体承担着"上情下达、下情上达"的职责,其出发点亦在于希望构建起执政党与公众之间的桥梁,"耳目喉舌"之说的意义价值亦在于此。但是,从实际运行的情况来看,"上情下达"以大众传播媒体为主渠道,而"下情上达"很多时候却是以"内参"这一组织传播形式进行。政府面向公众的传播效果往往也因此被认为简化为以"上情下达"为主,"被局限在由上而下的单方向、一线式传播模式中"[1]。

因此,如前文所述,可沟通政府必须呈现为是双向互动的,而且是

---

[1] 张宁:《信息化与全球化背景中的政府传播》,《中山大学学报·社会科学版》2005年第1期。

渠道均衡的,这样才会取得良好的沟通效果。例如,有研究者认为,在一些政策的讨论阶段,政府只需要将政策的内容用政府公共传播的方式公之于众,接受大众的评判,就可以最小的代价获得公众对于政策的接受程度以及各种建议,而避免了政策轻易公布之后出现各种问题而造成的资源浪费①。

二、可信任政府的建立始于良好的政府公共传播

信任是人们对某一主体长期行为与言论对照而形成的社会认知与评价沉淀。一个可信任的政府会降低执政过程中的社会摩擦力——因为赢得公众支持与信赖的政府更容易落实改造社会的执政蓝图。政府是否能够被信任,决定着政府公共传播的成败,同时良好的政府公共传播也成为建设可信任政府的起点。传统意义上的政府传播强调的是通过单向信息控制来获取社会的高度信任,而新媒体时代的政府公共传播则必须通过双向互动才能获得信任的基础。在信息权力日益分散化的背景下,政府作为传播者之一,需要和其他利益主体在信息共享的前提下来实现良好沟通,进而推动共识的达成。很显然,在没有信任作为前提的情况下,新闻发言人的遣词造句无论多么生动都会被认为是编织精巧的谎言而已;政府唯有在新的信息格局中,以公共利益为传播的基本出发点,尽快掌握与公众顺畅沟通的技巧,才能赢得信任,推动改革高效率实现。

三、提高政务透明度、消除权力寻租空间

政府公共传播作为一种行为,同时还可以规范政府人员"信息公开"行为。我国的《政府信息公开条例》提出"以公开为原则,以不公开为例外",让政府权力置于"阳光"之下,接受公众广泛的监督,希望以此避免"暗箱操作"所带来的贪污腐败行为,保护政府工作人员不受腐败

---

① 参见叶皓:《应对媒体——政府、媒介、舆论的新视角》,《南京社会科学》2006年第6期。

思想的侵蚀和危害①。另一方面，政府公共传播作为一种观念，则可以让政府人员提高个人素质、增强民主修养，建立信息公开的自觉意识，避免面向公众说出不当言论②。在推行政务公开的过程中，政府官方网站的普遍开通，电子政务的普及，为政府提高行为与言论的透明度提供了平台，同时也为消除由于权力寻租而产生的腐败提供了保障。2009年3月5日在第十一届人大第二次会议上，时任国务院总理温家宝在政府报告中明确表示："政府要推进政务公开，增加透明度，保障人民群众的知情权、参与权、表达权、监督权，让人民群众知道政府在想什么、做什么，赢得人民群众的充分理解、广泛支持和积极参与。"③

四、实现公众知情权的有效保障

"知情权"作为一种权利主张的法学概念，由美国记者 Kent Copper 于1945年首先提出。他针对当时美国政府权力不断膨胀的状况，呼吁官方尊重公众的"知情权"(the right to know)，并建议将之提升为一项宪法权利。Copper 给出的知情权的定义与内涵包括：知情权是指公民享有通过新闻传媒等多种途径了解或知晓政府工作的法定权利；它包括公民对政府所管理的国家事务、社会事务和其他事务信息的了解或知晓，即政府在履行公共事务管理职能的各项活动中，制作、拥有和获取的信息(不包括依法应保密的信息)，尤其是事关公民权益或

---

① 参见尹佳、李凤海：《新时期我国政府传播转型与趋向》，《湖南大众传媒职业技术学院学报》，2009年第3期。
② 这里有几个影响比较大的公务人员"不当言论"案例：2008年南阳市青年王清向181个市政部门提出申请要求信息公开，仅有18个部门给出回复，当王清上门讨要时，遭到政府官员"球信息公开"这样的粗口喝斥。2009年1月央视《焦点访谈》节目中报道了广受争议的天津坚持收取55元车辆通行费的情况，面对记者"天津市每年要偿还的公路建设的贷款量有多大"的提问时，天津市政公路管理局某官员说："这事不能说太细。"此外，从2006年开始，网上开始出现"年度十大雷人官话"这样的专题评选，网友直呼官员面向公众的发言"一年更比一年雷"。这表明在新的传播格局下，政府官员整体上都面临传播的焦虑和恐惧，究其原因是政府在由"管理国家"转向"治理国家"过程中表现出的不适应。
③ 温家宝：《十一届人大二次会议所作的政府工作报告》，中国政府网2009年3月14日。

利益的重要信息,公民都有权利了解或知晓,政府也有义务将其披露公开,使公民得以了解或知晓①。知情权是与政府公共传播行为紧密相连的公民权力,它是现代国家治理的根本要求,也是保障民主权利落实、监督权力运行的有效手段。对知情权的保障程度,是衡量国家治理现代化程度的一个重要标志。我国 2008 年 5 月 1 日开始执行的《中华人民共和国政府信息公开条例》是公众知情权保障的基本法规。对于公众而言,该法规的颁布等于赋予了公众随时要求政府公布相关信息的基本法律保障,多次公共事件(如"表叔"陕西安监局杨达才事件)中,都有公民向政府提出涉事官员与部门的相关信息公开的申请。公众的知情权正是在一次又一次高调的"政府信息公开"申请中不断扩大。

五、促进信息共享,消除谣言危害

社会公共危机一旦发生,将考验政府公共传播的效能。如果政府能够及时发布公众迫切希望知道的相关公共信息,而不是一再沉默,将大大降低社会运行成本与危机解决成本。政府所掌握的大规模、高效率的传播渠道能在短时间内将公共信息告知社会,而且能最大限度地减少信息的歪曲变形。这将节省公民获取公共信息的时间和经济成本,有利于公共信息在社会范围内充分流动。例如,2010 年 2 月 20 日,一则预测山西将要发生地震的谣言短信开始传播,引起当地社会的极大恐慌,许多人转向外地"避震"。2 月 21 日早,山西省政府及各地地震部门通过媒体及手机短信传播了政府公告,称群众这次"避震"行动为谣言所惑,要广大群众安心。两天内,山西移动、山西联通向手机用户陆续发出 2000 余万条辟谣短信。至此,山西地震谣言才得以慢慢平息②。

---

① 闵政:《知情权的认定和保护》,《新闻与传播》,2003 年 5 期。
② 参见《2 月 20 日山西地震谣言事件:一场短信 PK 大战》,《重庆晚报》2010 年 2 月 28 日。

第三节 新时期我国政府公共传播演化的动因分析

社会的发展与变革都有其动力和诱因,政府公共传播实践亦不例外。我们认为,政府公共传播作为当代政治传播行为,其模式演变与价值目标的变迁与始于上个世纪中叶席卷全球的三场革命密切相关,即信息化革命、全球化革命和民主化革命。其中,有研究者认为,信息化和全球化背景中的传播活动表现出四个特点,即资本与媒介的合作、传播范围的无国界化,积极的媒介与消极的大众和网络媒体的主流化[①]。虽然其中关于"积极的媒介与消极的大众"的说法还存在争议,但传播无国界、网络媒体的主流化等影响已经凸显出来,并对政府公共传播带来日益明显的影响。

一、信息化:政府公共传播模式进化的技术引擎

信息化社会是人类文明继农业化和工业化之后第三个发展阶段。按照信息经济学家马丁(W. J. Martin)观点:信息化社会是一个人们生活质量、社会变化和经济发展越来越多地依赖于信息及其开发利用的社会;在这个社会里,人类生活的标准、工作和休闲的方式、教育系统和市场都明显地被信息知识的进步所影响[②]。信息化是基于计算机技术、数字技术和网络技术发展的一种社会关系演变趋势,其最重要的价值在于第一次突出了信息作为国家与社会发展的重要变量发挥作用。尤其是互联网时代,网络技术的发展直接改变了既有的社会传播权力关系结构,推动了政府公共传播模式的不断转型。

互联网的诞生是信息化发展最重要的里程碑。这个原本属于冷战

---

① 张宁:《信息化与全球化背景中的政府传播》,《中山大学学报·社会科学版》2005年第1期。
② 转引自薛晓东:《论信息化对社会意识形态的影响及对策》,《电子科技大学学报社科版》2000年第1期。

时期军事行业的应用,却为我们带来了信息化的革命,推动了世界成为一个相互联系的"地球村"。1990年代以来,信息化的狂潮席卷全球,人类无可置疑地向着信息时代迈进。这个时代的主要特征是生产活动与社会活动的通信化、电脑化与自动化,从而构成强大而又灵活的信息网络①。与此同时,克林顿政府提出了著名的NII计划,即"信息高速公路计划",开始着手建立一个网络化的信息社会,在国际上引起了强烈的反响,各个国家也不甘心在信息化的浪潮中落伍,纷纷提出自己国家的"信息高速公路计划"。

在这样的国际趋势下,信息化已不仅仅是信息传播方式的变化,更成为人类生产、生活方式的巨大革命。政府公共传播正是在这样的浪潮中开始了模式的转换——

(1) 数字化的标准让信息的内容变得丰富,以往给人极大想象空间的描写文字逐渐被电视直播的影像所替代,政治人物从此从幕后走向了前台,一举一动都即时地映入公众的眼帘,政治权力源于距离而带来的神圣感和威严感逐渐消解,社会公众与政治精英、社会与政府之间的距离逐渐缩小,政府公共传播的受者也不再像以往那样"仰视"传者,传播地位向平等化方向慢慢靠拢。

(2) 光纤通信与数字技术的结合让传播速度得到极大的提升,传播内容也无限地扩容。文字、音频、视频……各种形式的信息铺天盖地般涌来,传者与受者之间的距离已经小到可以忽略。对于政府公共传播来说,这种技术现实提供了便利,同时也带来了挑战:当公众借助大众传播权力的分享而推动信息在更为广阔的范围内流动时,伴随的也是政府原有信息传播控制模式的消解。探索新的政府公共传播模式成为新媒体时代政府传播的核心任务。

(3) 网络技术所带来的革命意义更具颠覆性。点对点的技术彼此

---

① 倪健民:《信息化发展与我国信息安全》,《清华大学学报·哲学社会科学版》2000年第4期。

链接形成网状结构,这一结构在重构信息传播格局时,也重构了整个现实社会的权力格局,这一过程也是传播权力去中心化和再中心化的同步演化。我国一直实行国家所有的媒体所有制,传统大众媒体扮演的是党和政府的"耳目喉舌";而到了网络时代,博客、播客、微博与微信等新兴应用为普通网民搭建了话语平台,"媒介"作为大众传播平台逐渐失去了稀缺性。原有依托媒介资源垄断而形成的政府公共传播体制现在需要思考如何以合适的传播方式、而非简单的媒介控制来实现政府信息传播的目标。

当然,互联网带来的信息化也惠及了政府,为政府提供了更为方便快捷的沟通民间的渠道和机遇。从早期的政府上网、电子政务,到近期的政务微博和政务微信,都推动了政府走出官方舆论场所熟悉的"办公室、主席台、会议室",进入民间舆论场的核心地带,政府公共传播也由行政体系的自我"独白"转向与公众的"对话",正在逐步适应类似"茶馆"的民间舆论场沟通场景。

二、全球化:政府公共传播规则变革的新坐标

"全球化"一词的定义大致可以从两个层面来看待。狭义层面上的全球化是指"经济全球化",即生产、贸易、投资和金融等经济行为超过一国领土界限的大规模活动,是生产要素的全球配置与重组,是世界各国经济高度互相依赖和融合的表现[1]。但从广义上,全球化又是人类不断地跨越空间障碍和制度、文化障碍,在全球范围内实现物质和信息的充分沟通的过程,是达成更多共识和共同行动的过程[2]。这两个层面上的理解其实并不冲突,正是经济基础层面的全球化,才次第影响到了上层建筑的层面,才有了文化与社会上的全球化景观。

---

[1] 徐晓明:《全球化压力下的国家主权——时间与空间向度的考察》,复旦大学博士2003论文。
[2] 杨雪冬、王列:《关于全球化与中国研究的对话》,《当代世界语社会主义》,1998年第3期。

传播学技术学派代表人物麦克卢汉提出的"地球村"概念曾经风靡世界,这其实是对"全球化"形象的比喻;同时,全球化与传播的关系也密不可分。如果没有了传播技术的发展,与"物质"、"能量"并列为世界三大组成要素之一的信息①就无法突破空间局限而全世界范围传递,全球化的目标也就无从实现了。尤其是在网络化的今天,同一个互联网上世界各国的人们平等自由地交流着思想和观点,来自各个大洲的不同肤色的人们对同一件新闻发表评论、转载共享同一个视频、各自发布身边发生的一切新鲜事……甚至可以说,界线森严的国家从来没有这样被无视过,全世界的人们像身处在一座村落、一条街道、一个家庭里一样,自由交谈。

全球化对于负责国家管理职能的政府来说是一个新的挑战,尤其是信息自由流动、传播范围扩大带来的"全世界在观看"的新社会生活场景,将会与之前封闭环境下的社会管理方式形成直接冲突。这其中,突发危机事件中政府与公众的冲突变得最具代表性。在全球化的时代,突发危机事件常常表现出"脱域化"的特征,即原来由于信息闭塞,突发危机事件的卷入者多为本地的利益相关群体;但是伴随着互联网等新媒体高普及率的实现,非本地、非利益相关群体也可以借助互联网平台介入公共危机事件,通过网络集纳意见,表明声援与反对,并通过网上与网下的互动,推动事件影响力向更为宽广的空间转移。基于"全世界在观看"的信息传播场景,现实世界的空间感被急剧地压缩了。在这一背景下,公共危机类型逐渐从单一型向复合型发展,这种复合型危机既表明危机引致因素的复杂性和多样性,又深刻表明公共危机的跨区域特性,即"脱域"公共危机形态。"脱域"公共危机的处置往往需要行政管理体制内多层级的纵横向部门的紧密协作。而基于刚性行政区划的"行政区行政"模式与条块经济管理体制的制度组合已在政府纵横向管理体制形成了所谓的"路径依赖",除非外力强势介入,否则将陷入

---

① 张国良:《传播学原理(第二版)》,复旦大学出版社2009年版,第8页。

锁定状态,导致"脱域"公共危机治理上的低效率①。

在全球化的背景下,我国原有政府公共危机处置体制与公共传播模式的弊端也暴露无遗。往日清晰的行政地域界限在信息世界中正逐步消失,政府作为传者不得不在"全世界在观看"的场景中应对危机,所谓"天高皇帝远"暗箱式的行政管理方式一旦出现问题,即可能受到来自社会中心区域公众的集体拷问。这一变化必然要求政府遵循国际通行的基本社会治理规则,也使得原来置于区域权力绝对控制下的危机处理方案遭遇到严重的挫折。同时,全球化的现实使我国"外宣"、"内宣"分离的政府传播体系与当前传播格局显得格格不入。全球化将政府公共传播向外的空间陡然打开,超越行政区域,无远弗届。虽然这种传播界限的消失可以提高传播的效率,但同时不可避免地也会降低传者对传播过程的掌控权。令政府常常感到不安的是,在某些情况下,政府甚至难以知道它的受者在哪里。这一被重新构筑的传播空间是全球化留给政府的"潘多拉宝盒",从中飞出的是魔鬼还是宝藏,就取决于政府如何重新确立适合新的信息与社会格局的公共传播体系,以及采取怎样的公共传播行为。2014年8月18日,中央全面深化改革领导小组审议通过了《关于推动传统媒体和新兴媒体融合发展的指导意见》,提出打造"新型主流媒体"和"现代传播体系",正是在全球化、信息化新格局下革新政府公共传播的重要举措。

三、民主化:政府公共传播理念转型的内在引擎

如果说全球化的背后有信息化的影子,那么民主化就是全球化浪潮在思想领域的反应。正如美国学者马克·普拉特纳所说:"20世纪最后25年和21世纪初,在国际领域有两个广泛发展的趋向占主导地位,这就是全球化和民主化……这两种发展趋向在很多方面都是相互

---

① 沈承诚、金太军:《"脱域"公共危机治理与区域公共管理体制创新》,《江海学刊》2011年第1期。

促进的。"①民主化的浪潮其实并非只出现在全球化之后,学者亨廷顿总结出了近代以来在世界范围内出现的三波民主化浪潮:第一波民主化始于19世纪初,资本主义民主政治制度形成和大致确立的阶段,结束于法西斯主义的兴起;第二波始于1943年,结束于1962年;第三波则始于1974年的南欧,以葡萄牙废除军事独裁并确立民主政体为标志,民主化浪潮逐渐由欧洲扩散到亚非拉诸国,直至今日②。在我国,建国初期曾经有过对民主政治的尝试,但最终被反右扩大化运动和历时十载的"文化大革命"所中断,直至1978年十一届三中全会后的改革开放时期,中国政府才重新回到民主化建设的轨道上来。

2014年9月21日,习近平在《庆祝中国人民政治协商会议成立65周年大会上的讲话》中强调:"在中国社会主义制度下,有事好商量,众人的事情由众人商量,找到全社会意愿和要求的最大公约数,是人民民主的真谛。"从本质上来说,民主化是现代化的复杂社会治理所必须的权力与权利合作与制衡的框架。民主化的过程也是"善治"实现的过程,是使公共利益最大化的政府管理过程,是政府与公民对公共生活的合作管理③。从当前我国民主化的实践努力来看,这一过程实际上是解决如何扩大公众在关系国计民生的大事件决策中的知情权、参政权和表达权的问题。社会生活的日益复杂化,一个以全能型政府为建设目标的政府很显然是不合时宜的;因此,作为一个有限政府,需要与诸多社会治理主体共同完成社会治理过程,基于共识达成而推动社会治理的效率优化。这是中共十八界三中全会以来提出的"国家治理体系与治理能力现代化"的核心内容,也是我国未来民主化建设的主要方向。在这一过程中,政府能否学会与公众以及非政府机构的沟通与合

---

① Marc F. Platter. "Globalization and Self-government", *Journal of Democracy*, Volume 13, Number 3, July 2002, p. 52.
② 塞缪尔·亨廷顿:《第三波:20世纪后期民主化浪潮》,上海三联出版社1998年版,第25页。
③ 段小平:《全球治理民主化研究》,中共中央党校2008年博士论文。

作将是政府治理现代化过程中面临的首要考验,政府公共传播将必须把公共利益作为至高无上的准则才有可能与诸多社会治理主体达成有效共识。

在现实中,新传播技术正推动民主化进程以前所未有的方式和速度演化,与网络技术结合的网络政治实践更能说明这一点:以博客、播客、微博、微信等自媒体为载体的舆论监督日益活跃,我国公众网络政治参与热情空前高涨。然而,传统意义上的政府公共传播理念却强调"信息控制"为主导,与当前我国"国家治理能力现代化"的目标存在明显的冲突。喻国明教授对此总结为:"我国现行的传媒体制在切实保障人民群众的信息安全方面是存在着重大缺陷的。其最突出的表现就是报喜不报忧,将传媒视为简单的舆论控制工具,不能全面、如实和及时地报道影响人民生活和社会判断的国内外重大新闻事件。"[1]因此,上述民主化的趋势将对政府公共传播的理念产生重大影响,政府在公共传播过程中,需要突出"沟通"与"共识"理念;政府传播模式也需要从"独白"走向"对话",服务于当前政府治理能力现代化的国家建设目标。民主化,作为政府公共传播理念变迁的内在引擎正在发挥着不可替代的作用。

第四节 当前我国政府公共传播面临的主要问题

政府公共传播是以政府为主体的信息传播活动,它既是一种传播行为,也是一种政府行为;或者说,它既不完全属于大众传播范畴,也不完全属于政府管理范畴,而是处于两者的交叉点上,这个交叉点恰恰就是研究者的"盲点"[2];同时,这一复合特征在很多时候也使得政府在公

---

[1] 喻国明:《变革传媒——解析中国传媒转型问题》,华夏出版社2005年版,第5页。
[2] 程曼丽:《政府传播机理初探》,《北京大学学报(哲学社会科学版)》2004年第2期。

共传播中出现"盲点":政府会因为"管理者"与"传播者"双重角色的内在冲突而导致问题丛生。有研究者把我国政府传播模式的特征总结为:"自上而下的单方向传播模式、以宣传为主的传播内容、以工具论为中心的媒介观念、缺乏科学的传播技巧"①。很显然,在新媒体的传播格局中,上述特征将面临巨大挑战,上述问题也会被放大。本节我们对目前我国政府公共传播中存在的主要问题进行考察。

一、官方舆论场与民间舆论场的摩擦加剧

舆论场是指各种意见相互作用的时空环境。互联网满足了构成舆论场的所有要件,即同一空间人们相邻的密度、交往频率和开放度②。关于舆论场的研究,历来就有官方和民间两个舆论场的划分。新华社前总编辑南振中认为两个舆论场中,一个是党报、国家电视台、国家通讯社等"主流媒体舆论场",忠实地宣传党和政府的方针政策,传播社会主义核心价值观;一个是依托于口口相传特别是互联网的"民间舆论场",人们在微博客、BBS、QQ、博客上议论时事,针砭社会,品评政府的公共管理③。政府公共传播的一个重要目标就是政府希望通过官方舆论场放大信息与观念的传播能量,对民间舆论场产生影响,最终引领时代舆论,集聚人心到政府规划的执政蓝图的方向上去。传统上,我国媒体定位于党政体系的"耳目喉舌";其中,"耳目"是指媒体肩负下情上达的功能,"喉舌"是指媒体肩负"上情下达"的功能。这样的社会资源配置格局对于官方掌握大众传播媒介,放大官方舆论场的影响力,动员社会力量致力于社会改造,起到了非常重要的推进作用。其中,"正面宣传报道为主",鼓劲而不是泄气,弘扬正能量而不是揭批负面事件,是政

---

① 张宁:《信息化与全球化背景中的政府传播》,《中山大学学报·社会科学版》2005年第1期。
② 刘建明等:《舆论学概论》,中国传媒大学出版社2009年版,第51页。
③ 人民网舆情监测室:《人民网评:打通"两个舆论场"——善待网民和网络舆论①》,人民网,2011年7月11日。

府对媒体系统的核心角色定位。在特定历史时期,这种选择性的传播策略对于确立政府正面形象、降低负面信息的影响常常起到理想的效果。但是,这一策略也有两个基本的前提条件:其一,政府作为议程设立者必须是可以信赖的,公信力是议程设置能力的核心要素;其二,政府对于大众传播媒介能够全面掌控,以确保在一个封闭的政府公共传播系统中对负面信息的全面遮蔽,只允许正面的信息发挥影响力。

伴随着社会主义市场经济的兴起,以互联网等新媒体的快速发展,上述政府公共传播的格局出现了新的变化。一方面,市场化带来了官方媒体的分化;另一方面民间舆论场自身能量出现了明显扩张。新时期,在走上"事业单位、企业化经营"的道路之后,媒体亟需突破既有的新闻行业规制,获取表扬性报道之外的信息传播空间,以彰显专业"瞭望者"的价值。在与本地主管部门达成一定程度的默契后,部分媒体开始通过"异地监督"的方式来拓展批评报道的新空间。1990年代中后期的《南方周末》等媒体是这一道路上的先行者。这一跨区域的媒体介入对于原有政府自给自足的封闭公共传播体系带来了巨大的冲击。

伴随着互联网的兴起,民间舆论场有了聚合能力、互通有无、相互协助的核心平台。互联网带来的最大冲击是对大众传播权力的分化,传播格局日益呈现出"去中心化"的趋势。和官方舆论场严格的新闻规制相比,民间舆论场的空间则相对宽松。从网络论坛到博客,再到微博与微信,互联网成了民间舆论场看得见的舞台,而且影响力日益壮大。

从历史演变的维度来看,当前两个舆论场的关系和1990年代中期都市报兴起之前有着明显不同。原来官方舆论场独大的格局因为改革开放后的市场化与新传播技术而被改变,正逐步形成官方舆论场与民间舆论场相对均衡的新格局。从社会发展的视角来看,这实际上是中国社会结构与功能完善的一个进步表现,政府的权力被社会制衡,国家与社会的发展目标才会更加协调。不过,对于习惯了"舆论一律"格局的政府部门而言,如何面对在现有权力体系之外存在的新型社会权力体系,并与之共同完成国家治理任务是一个新挑战,同时也是国家治理体系与治理能力现代化必须实现的目标。因此,我们认为,当前政府部门面对新的舆论场格局的不适应其实是"权力被关到笼子里"后的应激反应。如何与媒体一道工作,尤其是如何与新媒体一道工作应该成为官员媒介素养修炼的核心内容。两个舆论场之间的冲突在2003年的"非典"期间被严重放大,关于"非典"究竟是"谣言"还是"真相"的反复颠覆,严重损伤了政府的公信力。不过,从政府公共传播演化的进程来看,也正是这一事件对官方舆论场带来的强烈震撼,才推动了政府新闻发布制度在2003年后全面推行,政府如何面对公众传播成了党政干部执政能力培训当中的必修课程。

两个舆论场之间的摩擦加剧,相互之间缺乏信任和共识,对于社会协同发展非常不利,也大大提高了社会运行成本。如何消弭分歧、提高共识、增进信任是两个舆论场之间关系优化的核心问题。近年来,以《人民日报》等中央媒体为代表,对两个舆论场的关系给出了新的解释,并将"打通两个舆论场、消除误解、达成共识,共同推进社会协调发展"确定为面向未来官方舆论场努力的方向。政务微博的大量出现也被认为是官方机构进入民间舆论场主动沟通、寻求共识的积极努力。2010年被称为是"中国微博元年",2011年则被称为是"中国政务微博元年"。截至2013年年底,已经有超过25万个政务微博在新浪、腾讯、人民网、新华网四家微博平台开通;其中,新浪与腾讯平台政务微博数近八成,人民网与新华网这一官方舆论场背景的核心平台上的政务微博数则不足三成[①]。政务微博的这一平台分布格局也表明了政务微博的主阵地不是官方舆论场所在地,而是民间舆论场的中心平台。大量政务机构和公务人员到民间舆论场的核心地带开通政务微博的同时,官方媒体也开始在微博空间开通官方微博。其中,《人民日报》、《河南日报》等党报的官方微博表现最为突出。我们认为,这一做法本质上是党

---

① 参见国家行政学院电子政务研究中心:《2013年我国政务微博客评估报告》,2014年4月8日。

的"群众路线"工作原则在新媒体时代的延伸。群众路线强调从群众中来、到群众中去,而在我们当前这个时代,群众在哪里?他们正活跃在民间舆论场的核心地带:微博、微信空间!

二、政府传播的"自我循环":自说自话,缺乏"受众意识"

上海市委书记韩正曾经指出,"自我循环不是话语权、人云亦云不是话语权、自说自话不是话语权。真正的话语权是能够传播和引导社会舆论、弘扬中华文化、夯实核心价值观"[①]。政府公共传播经常出现"自我循环"、"自说自话"现象,究其根源在于夸大了大众传播媒介的功效,而低估了受众自身对信息传播的主观能动性需求。这是对大众传播效果与受众本质的误读,即认为大众传播具有"魔弹"般的威力,受众是乌合之众,而大众传播媒介的传播对于受众而言就是发射魔弹;只要控制了媒介这一"魔弹发射器",就可以随心所欲地实现政府的宣传目标。其实,无论是大众传播还是政府传播,对传播对象的分析和研究始终是最基本的问题。不同的受众观会导致对受众在传播过程中性质、地位以及作用的不同理解。在社会变革中发生的政府公共传播,其受众与传统意义上的大众不同。相比之下,政府传播的受众更具有明确的指向性,包括所有与其相关的公众、政党、组织;更多强调了从政治属性层面考量受众的需求。

在当前政府传播过程中,政府始终占据社会优势地位,政府的信息公开往往是行政的需要,以召开会议、下达文件的方式向公众强势输送信息,以达到劝说公众和说服公众的目的;而对于公众真正关心的问题,政府往往避而不谈,或者点到为止。虽然近几年这方面的情况有所改观,但政府传播不畅的现象仍有存在。长期处于封闭传播系统内,专享传播决策权,忽视受众的沟通需求,这样的政府公共传播带来的后果

[①] 参见《韩正:提升宣传舆论的影响力 关键靠改革、根本靠人才》,《上海政务》2014年2月14日。

则是政府传播能力的严重退化,形成新的"政府传播八股文",很难适应当前传播权力关系变革的社会发展现状。

三、国内宣传与对外宣传的冲突与断裂

长期以来,对外宣传一直是我国新闻报道和文化交流的重头戏。但宣传既然是作为意识形态主导的传播方式,在信息传播过程中,难免出现以"我"为中心的信息灌输行为,常常表现为国内宣传模式和价值取向面向国际社会的直接输出,意识形态主导的"红色中国"一度成为中国主要的国际形象。美国杜克大学中国传媒研究中心主任刘康教授认为,中国的这一"外宣"模式是冷战与革命时代意识形态的产物①。对外宣传这一传统影响深远,招致西方社会的抵制和反弹,以至于很多年过去后,西方对中国的"刻板印象"依然十分突出。例如,2004年,在联想集团收购了IBM的笔记本业务后,德国主要媒体报道这一事件的配图依然是"工农兵"怀抱IBM笔记本电脑,脸上洋溢着丰收的笑容。这样的配图在中国国内的严肃报道中都不会出现,却成为中国企业在德国主流媒体的符号化形象。

针对上述现象,有研究者认为,对外宣传是对内宣传的延伸,但是既然是延伸,就有不同于对内宣传的特征。但中国的对外宣传常常忽略了内外宣传对象的差异,从而在传播内容的组织与表达形式的选择方面,对内对外"一个样"。国外的宣传对象生活的制度环境、意识形态环境和文化环境与国内相差巨大,他们的价值观和基本立场也可能迥然不同。所以,国内公众能够接受、理解的内容,外国的读者、听众、观众或网民未必会接受、理解;国内公众普遍支持的观点,可能会遭到国外读者、听众、观众或网民的坚决抵制②。2006年,美国《新闻周刊》曾

---

① 转引自谭天:《走出去,更要走进去——从广东电视台走出去战略说起》,《青年记者》2008年第10期。

② 张昆:《当前中国国家形象建构的误区与问题》,《中州学刊》2013年第7期。

以"谁会害怕中国"为封面文章,探讨"中国国家形象遇到危机"的话题。文章认为"中国国家形象已不是简单的'好'或'坏'所能涵盖的,其最大的问题是,中国人对自己的认知和外国人对他们的看法之间存在着巨大鸿沟。在过去20多年里,中国经济快速发展,中国人相信强大会让他们获得良好形象,但实际上并非如此"[①]。

上述观点强调了国内国际环境与传播目标的差异,进而提出了"内外有别"的传播策略。这一策略是否有效呢?我们认为,这是针对国内国际相对隔离状态下提高政府公共传播效率的有效途径。然而,世界在变化,尤其是全球化、信息化时代的到来,国内与国际传播的界限已经被打破。有研究者认为,传统的国际传播管理体制、手段已不能适应全球传播的新环境,简单地"封"、"堵"、"卡"、"压"已经不再奏效,国际间合作、协商、互利互惠成为主流[②]。基于此,我们认为,上述所谓"内外有别"的政府公共传播取向也正面临严峻挑战。在"全世界在观看"的信息传播新秩序中,面对受众群体的泛化以及传播渠道的增多,单一信息控制传播模式正遭受到越来越多的质疑与挑战,按照传统方式确立的政府公共传播战略已经不再适应社会发展的需要。

其一,单一、过量的正面宣传不利于政府可信任形象的展现,过度的夸张与美化会使得公众对政府形象的期望值抬高。如果无法达到公众期望的水准,公众对政府治理的满意度降低,将直接影响行政权力运行的合法性基础。

其二,伴随着中国30多年改革开放、融入世界的步伐,国内传播与国际传播之间关系需要辩证分析。一方面,国内传播与国际传播需要形成互动关系,相互佐证政府公共传播内容的可信度;另一方面,也要在国内与国际的互动中,区分内外传播的不同要点,形成"和而不同"的

---

① Joshua Cooper Ramo. An image emergency:The gap between how China sees itself and others see it is wide and dangerous, *Newsweek International*, 2006-09-25, p.29.
② 杜永明:《全球传播治理:国际传播由"制"到"治"的范式转换》,《世界政治与经济》2003年第10期。

国内传播与国际传播策略。

因此,中国政府在公共传播过程中,不仅要摒弃原来以国内宣传理念主导对外传播的思路,同时也要谨慎使用国内宣传与对外宣传两分开、各自遵循不同理念的思路(例如,国内常常成为"宣传",而面向国际却常常使用"对外传播"的新说法);而是要逐步把国内宣传和国际传播协调一致,把向公众传递真实的中国作为对内传播和对外传播的共同目标,避免国内传播与国际传播出现脱节、断层或对立冲突。

四、正面报道与负面报道的不均衡

传统舆论格局中,政府公共传播常常偏好"以正面报道为主"。在我国既有的宣传理念体系中,媒介作为党和政府的喉舌,其传播信息的标准是经由政府长期规训而形成的,"舆论一律"已经形成官方媒体新闻报道的基本标尺。为维护社会管理的稳定,政府往往选择传播那些正面消息而屏蔽掉不利于自身形象的负面内容。这一信息筛选机制带来的直接后果是正面报道与负面报道的失衡。

政府公共传播过程中正负报道的失衡,从根本上说是与新闻真实性、客观性原则不相符合的,更多程度上是一种公共关系策略,而非新闻报道策略。信息的发布最重要的意义在于第一时间解答公众的疑惑,无论是正面消息还是负面消息,政府都应该如实地报道,把真实事件客观地展现在公众面前,充分尊重公众的知情权。政府对负面报道的规避,究其原因还是为了自身执政的需要,为了维护自身的良好形象。我们认为,对于公众信任感的获得,并不是仅仅靠对负面报道的规避所能达成的。法国历史最悠久的《费加罗报》报头有一句名言:"若批评不自由,则赞美无意义"。这句话实际上指明了一个以正面信息传播为主要任务的官方媒体面临的风险,而这恰恰也是政府公共传播活动本身面临的风险。从另一个角度看,公众只有正常接触到公正、客观、真实、全面的报道信息,他们才会完整、清楚地认识世界的面目,而不至于在突发事件中因为对于真相的饥渴而产生极度恐慌。我国"非典"时期的政府传播就是一个典型的负面案例。对消息的封锁与歪曲报道只会增加政府的执政成本,政府的形象也会因此大打折扣。因此,我们认为,对于政府公共传播而言,只存在负面事件,不存在负面报道,所有的报道只要秉承公正之心,促进问题的解决和社会的进步,都可以称之为正面报道。上海市委书记韩正 2014 年也曾在讲话中指出:"正面宣传是正确的导向,科学的舆论监督同样是正确的导向,两者都是正能量。各级领导干部都要习惯在信息化时代舆论监督的环境下开展工作"[①]。

当然,这样的报道可能会使某些官员丢掉乌纱帽和特殊利益,从他们自身利益出发来看,这类报道自然是负面影响为主。这种以官员私利为传播主导价值的活动并非我们常常说到的"政治家办报",而仅仅是"政客"办报而已。两者之间最大的差异就在于是否能够以公共利益为政府传播所要实现的最高目标。只有公正、客观、真实、全面地呈现政府传播的信息,政府才能获得公众的信赖;反之,即便满篇都是正面报道,也很难发挥正能量的效用。每每灾难发生,很多地方政府都采取了回避灾难信息的做法,并强化当地报纸头版"正面报道"的分量。这样的选择性呈现,不仅因为民间舆论场的存在而毫无价值,而且严重削弱了正能量影响力的发挥。

从国际视角看中国政府的公共传播,正面报道与负面报道的失衡会导致两个极端的产生。很多外国人都是通过中国政府的公共传播了解中国情况的,也就是说他们只是在中国政府传播的虚拟空间中了解中国。虽然改革开放以来,我们在各方面取得了不菲成绩,然而过度的拔高只会给人留下口实。另一方面,"清一色"的正面报道会让国外公众对中国产生不信任感,甚至导致误解发生。这源于西方发达国家受众关于媒介信息结构的已有接触习惯与我国政府公共传播的信息选择偏好之间的冲突。从这一维度来看,中国的新闻观与西方的新闻观存在着巨大差别,我国的政府公共传播总是偏好"正能量",媒介则常常被

---

① 参见韩正:《报纸占领市场才能守好阵地》,《东方早报》2014 年 5 月 10 日。

设定为"喜鹊"角色;而西方媒介则喜欢揭露性批评性报道,媒介扮演的是"乌鸦"、"扒粪者"的角色。从这一点出发,在国际国内融通的环境中,我们更应该与国际接轨,正确地对待负面报道在政府传播中的均衡问题,以避免跨文化传播中出现误读现象。

案例二 哈尔滨"阳明滩大桥坍塌事件"的舆情演化[①]

2012年8月24日5时32分,哈尔滨市刚建成不到1年的阳明滩大桥引桥发生侧滑事故,造成3人死亡、5人受伤,舆情被瞬间引爆。该事件迅速占领了各大媒体的头版头条,成为国内舆论最炙手可热的话题,并且热度延续了一周的时间,保持着每日千条以上的媒体报道量。百度新闻、新浪新闻、腾讯新闻、网易新闻、搜狐新闻等十余个网站开设专题进行实时报道。在事故面前,公众最迫切知道的事情集中于:桥梁的设计、施工、监理单位是谁?他们是否具有相应的资质?尽管事故发生5个小时内,哈尔滨市政府就迅速举行了新闻发布会,公布事故相关信息;然而,在事故责任等方面,政府方面闪烁其词颇让公众失望。当有媒体曝出"哈尔滨市建委有人说大桥建设指挥部解散了,找不到施工单位",一时间舆论哗然,网上一片批评声。在整个事件过程中,哈尔滨市政府分别在8月24日、25日、27日,9月19日召开了4次新闻发布会,通报情况,希望能够回应质疑和澄清事实。

然而,在事件发生后一周多的时间内,舆情却持续高热。通过百度指数,输入"哈尔滨阳明滩大桥",时间段选择2012年8月,可以发现事故发生后用户关注度和媒体关注度都直线上升,并在8月24日当天达

[①] 本案例整理所参考主要文献资料来源于《哈尔滨大桥坍塌事件舆情研究》,法制网,2012年9月25;《哈尔滨塌桥事故舆情分析》,人民网,2012年9月3日;《哈尔滨阳明滩大桥坍塌事故舆情报告》,军犬舆情网,2012年9月6日,等等。

到峰值,用户关注热度指数达到 87481,媒体关注度指数为 1065。此后关注度开始下降,但在 27 日第三次新闻发布会后,对侧滑事故的关注度形成新的小高峰。从百度"热搜词"情况来看,8 月 24 日,"哈尔滨大桥垮塌"在百度热搜词榜单上占据第三位;8 月 25 日,"哈尔滨/短命桥"成为第一位热搜词;8 月 26 日,"哈尔滨垮桥施工单位"是热搜词第二位;8 月 27 日,"哈尔滨断桥未问责"成为热搜词第三位;8 月 28 日,"哈尔滨/施工单位"是热搜词第三位。单件安全事故连续五日占据热搜词前三位的现象并不多见,足见公众对于此事的关注度极高,持续性极强。而且从热搜词的变化中可以看出,舆论从关注事故现象逐步延伸到问责的进展,以及施工单位的曝光等等。

我们以哈尔滨市政府四次新闻发布会为时间节点,可以把此事件中的政府公共传播大致划分为以下几个阶段。

第一阶段:事故发生后至第一次新闻发布会后

2012 年 8 月 24 日早 5 时 32 分,哈尔滨市三环路高架桥洪湖路上桥匝道处(距阳明滩大桥 3.5 公里)钢混叠合梁"侧滑",导致 4 辆货车侧翻,造成 3 人死亡、5 人受伤。当日上午 10 时 30 分许,哈尔滨市政府紧急召开新闻发布会,市政府秘书长黄玉生通报了"8·24"事故情况,响应比较迅速,有效避免了谣言传播。但在整个发布会过程中,政府工作人员从未提及"塌桥"二字,而是用四车"侧翻"以及钢混叠合梁"侧滑"来描述整个事故过程;并且声称事故原因初步怀疑为车辆超载所致;同时强调调查出事车辆的单位、货主以及荷载情况,但并未公布任何有关桥梁的建造情况及现状。此外,政府工作人员还指出,出事的桥段并非阳明滩大桥,而是洪湖路上桥匝道,距离阳明滩大桥还有 3.5 公里。同一天,国务院新闻办公室也举行了新闻发布会,国家安全监管总局新闻发言人黄毅在会上回答凤凰卫视记者关于阳明滩大桥坍塌的事故问题称,大桥投入运行一年不到就发生断裂,肯定有问题。这一论断明显和哈尔滨市政府提出的"车辆超载说"相悖,舆论普遍认为当地政府是在有意推卸责任。

事故发生后,有记者试图查询断裂桥梁部分的施工单位信息,但哈尔滨市建委表示,因为阳明滩大桥施工指挥部已经解散,所以无法查询到是哪家单位负责的这段事故桥梁。据了解,按照计划,哈尔滨阳明滩大桥工期为3年,而施工单位实际上仅用了18个月时间就全面完成了大桥建设任务。发生塌桥的是工程第四标段,该标段的监理单位是哈尔滨实力较强的一家公司。"找不到责任单位"的说法一出,旋即成为网络热词,当地政府的公信力被公众严重质疑。

第二阶段:事故发生后的第二次新闻发布会后

25日17点30分,哈尔滨市政府召开第二次新闻发布会,将桥梁事故定性为"匝道侧滑",引起了舆论的普遍质疑;同时当地媒体对桥梁垮塌事故报道中刻意摈弃"垮塌"字眼,使得政府被指只求保护政绩。另外在这次发布会上,对于此前媒体报道的"找不到责任单位"的说法,市政府秘书长黄玉生表示"不存在";声称市建委已经将设计、施工、监理单位等相关资料提交事故调查组,待事故调查结果确定后,将把以上单位名单一并向社会公布。此外,再次强调发生事故的桥梁为洪湖路的上行匝桥,属于独立建设项目,与阳明滩大桥分属两个工程建设项目。

此外,对于桥梁工程质量是否存在问题,哈尔滨市建委主任吴向阳说,现在不能说是在某一方面存在什么问题,还要等专家组的结果;已经由省住建厅出面,国家住建部推荐桥梁专家7人组成专家鉴定组。但是上述说法并未能及时消除舆情中的质疑,公众对施工单位迟迟不能公开再次表现出了强烈的好奇和不满。8月27日,黑龙江省委副书记、省长王宪魁表态,要"查找安全隐患、全面整改工作"。

第三阶段:事故发生后的第三次新闻发布会

27日18时召开的第三次新闻发布会上,市政府秘书长黄玉生公布了事故桥梁的设计、施工、监理单位名单;同时,还再次强调了发生事故的匝道与阳明滩大桥没有关系,并表示由该匝道是相对独立的上行分离式匝道,对三环路高架桥没有造成大的影响;同时,当地媒体也一致报道"阳明滩大桥繁忙,依旧畅通无阻"。另外,在这一阶段,正当举国关注事故原因及如何问责时,黑龙江当地官方网站却突出报道事故发生后20多名农民工如何手掰车门救人、如何抢救伤者赢得宝贵时间等等,大打感情牌。这又被指责转移焦点。与此同时,当被问及调查结果公布时间这一核心问题时,当地政府也未能给予明确答复。

8月27日,有记者致电哈尔滨市安监局办公室询问事件进展。相关工作人员表示,"调查组是市政府成立的,由当地安监、交警、建委等部门人员组成,我不知道具体人员。施工质量和事故责任仍在鉴定中,暂时没有结论。"8月28日,有记者联系到哈尔滨市安监局监管二处处长张延斌,张延斌亦表示不清楚事故调查进展,因而无从分析责任方。

第四阶段:第四次新闻发布公布调查结果

9月19日,哈尔滨市就该事件召开第四次新闻发布会,发布"8·24"事故调查结果。该调查报告声称:事故性质为由于车辆严重超载而导致匝道倾覆、车辆翻落地面,造成人员伤亡的特大道路交通事故。双城市交警大队兰陵中队、新兴中队及哈尔滨市公路管理处则因未及时发现并采取卸载措施定为间接原因。

最终处理结果为,将肇事车辆相关人员移送哈尔滨市公安交管部门依法处理;对双城市交警大队兰陵中队、新兴中队及哈尔滨市公路管理处交由市监察局严肃问责;对吉林省德惠市路政段在超载货车处罚过程中存在的违规问题,呈请黑龙江省交通运输管理部门向吉林方面通报并由其依据有关规定调查处理。

上述调查结果对于此前公众一直关心的高架桥的质量问题做出了"质量合格"的结论。这一调查结论和事发后第一时间官方暗示的调查结论高度一致,再次把事件推上风口浪尖。

从该事件的舆情传播趋势可看出,每次新闻发布会后都会掀起一阵舆论质疑高潮,政府的信息发布造成了远大于事件本身的"多次灾害"。其中,第一阶段是事故发生至第一次新闻发布会后,舆论主要的关注点是大桥的质量问题,是否存在腐败以及是不是政绩工程;是否真是车辆超载,施工单位是哪家等问题;第二阶段是第二次发布会之后到第三次发布会之前,主要关注点是事件定性是否真实匝道侧滑,调查结果是什么,以及责任单位究竟是哪家;第三阶段是第三次新闻发布会之后,舆论关注度则是事故原因的可信度、为何没有问责以及原因不明的情况下就通车;第四阶段是第四次新闻发布会公布调查结果之后,主要集中于事故原因是否仅仅是因为超载、桥梁是否真的如报告所言质量合格、问责对象是否合理,等等。整体看来,第一阶段的问题一直到第四个阶段依然是质疑的关键点。这也是该事件舆情一直难以消退的主要原因。

2011年上半年的我国政务微博分布图显示,黑龙江省为全国政务微博开通规模最高的一个省份。但是,从上述案例的发展来看,几乎看不到当地政务微博在第一时间发挥沟通公众、打通两个舆论场的表现。很显然,政务微博这一新型政府公共传播平台的作用发挥还需要线下新闻发布会与官方媒体使用技能的同步提高。遗憾的是,我们跟踪到2013年7月份发布的上半年我国政务微博分布图显示,黑龙江省政务微博已经从2011年的"领头羊"退化到了"第四阵营"。看来,这一事件的发生并没有起到足够的警示作用,当地政府在新媒体时代的公共传播能力还需要进一步的提升和加强。从2014年笔者了解到的情况来看,黑龙江方面已经加强了对政府官员新媒体应用与舆情沟通方面的培训;其中,笔者就参加了多场黑龙江相关政府部门高级干部在上海的培训工作。

第三章 政府公共传播：渠道比较与优化分析

政府公共传播，需要选择连接政府与公众的信息传送渠道，这一渠道既包括大众传播媒介，也包括非大众传播媒介，即组织传播或者人际传播等等。图 3-1 所示是传播渠道的基本类型，为政府公共传播的渠道选择提供了选择的框架。我们也以此为基础来对政府公共传播的渠道选择过程进行比较论述，并探讨政府公共传播渠道优化的相关策略。

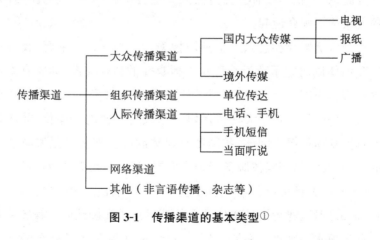

图 3-1 传播渠道的基本类型①

---

① 参见喻国明、张洪忠等：《面对重大事件时的传播渠道选择——有关"非典"问题的北京居民调查分析》，《新闻记者》2003 年第 6 期。

第一节　我国政府与大众传播渠道关系的特殊性

以 2003 年 4 月北京市民"非典"信息获取渠道调查为例[①]，数据显示，大众传播占了总的传播渠道 67.4% 的比重。在这部分中，境外媒体占的比重只有 0.5%，而国内的电视、报纸和广播三大渠道所占比重为 66.9%，特别是电视和报纸占了 58.5% 的比重。人际传播以 16.6% 的比重居于第二。而按官方和非官方来划分传播渠道，官方的传播渠道占据优势，与非官方的构成比例为 8∶2。在调查中设置了问题：如果民间有关"非典"的一些说法与官方的报纸电视广播等报道不一样时，你一般相信哪一种说法？结果发现，有 66.3% 的人相信官方的说法，有 9.1% 的人相信民间的说法，有 24.6% 的人谁都不信。上述调查说明，在我国，大众传播媒介仍然作为公众获取信息的主渠道发挥作用；尽管信任度有所下降，但整体上在各类渠道中还是占据了首要位置。因此，关于我国政府公共传播的渠道分析我们还是从具有官方背景的大众传播媒介说起。

大众传播媒介和意识形态密切相关。从制度设计来看，我国社会主义政治体制决定了政府与大众传播媒介的特殊关系，即所有大众传播媒介都属于国家所有的事业单位；同时，不允许私人经营大众传播媒介。这一特殊性决定了大众传播媒介与政府利益的一体化，并成为典型的官方媒体体系。因此，我国现有媒体制度框架更多强调政府与媒体的统一关系，强调媒体服务于国家发展需要，担当党和政府的耳目喉舌，配合政府积极推进各项社会改造工作，协调社会各阶层之间的利益关系，形成理性、建设性的媒体社会价值。这是我国政府—媒体关系与西方最为根本的区别。在西方发达国家，基于资本主义社会的制度设

[①] 相关数据参见喻国明、张洪忠等：《面对重大事件时的传播渠道选择——有关"非典"问题的北京居民调查分析》，《新闻记者》2003 年第 6 期。

计,媒体号称是与司法、行政、立法相互制衡的"第四权力",独立于政府体系,是相对独立的社会力量,并通过对政府的监督来实现自身的社会价值;同时,基于对行政权力的制约,西方法律严禁政府干预大众传播媒介的新闻采集与发布自由。这使得媒介和政府之间形成了不对等的权力关系,即政府不得干涉大众传播媒介,而大众传播媒介有权力监督政府的权力运行。最终政府与媒体之间的相互督查关系构成了西方新闻业发展演进的主线。上述政府—媒体的关系结构的差异对政府公共传播的方式与效果都会产生非常大影响,但总体趋势来看,政府与媒体的关系正变得越来越多元化,政府也越来越从效果层面来考虑公共传播的策略创新。

就我国目前的情况来看,政府和传播业的关系也正发生着巨大的变革。1978年以来,由于社会主义市场经济和新传播技术的交替影响,我国媒介构成与功能角色都出现了新的特征。一方面,由于市场力量的作用,传统媒体领域"异地监督"的信息传播新格局已经形成。政府需要和本区域之外的媒体直接打交道,必须面临一个和自身不具有直接行政隶属关系的媒体的监督和质疑,原有适用于传统政府—媒介关系结构的媒体规制系统的有效性明显降低。另一方面,互联网作为一个复合平台,虽然非国有的网络媒体不具备采访权,但已经形成事实上的大众传播媒体效能,这实际上改变了原有大众传播媒介都属于国有信息传播系统的内在结构;进而形成国有资本以传统媒体为主阵地、非国有资本以新媒体为主阵地的信息传播效率竞争机制[①]。因此,当前我国政府公共传播所面对的基本大众传播渠道包含两部分,一部分是以官方媒体为主导的、代表官方舆论场核心平台的传统媒体渠道;一部分是以民营商业网站为主导的、代表民间舆论场核心平台的新媒体渠道。基于上述信息传播渠道格局,本章涉及大众传播媒介部分仍以

[①] 参见朱春阳:《新媒体经济:效率竞争、创新榜样与国际化示范——从产业经济制度变迁的视角看新、旧媒体之争》,《新闻记者》2007年第11期。

传统媒体渠道为主展开论述,其中大众传播媒介也多指传统媒体,即官方媒体性质的传播渠道;涉及新媒体渠道部分将以新媒体直接指代,并在第四章予以专门论述。

就以传统媒体为代表的官方媒体的性质而言,李良荣教授认为它们具有上层建筑和信息产业双重属性,"事业性质,企业化运作"是这一双重属性的具体运作模式①。其中,属于党政机构机关报性质的新闻媒体具有更多的上层建筑属性,即更强调宣传和公共服务的事业性质,非机关报性质的新闻媒体则具有更多的信息产业属性即企业性质。另有观点认为,我国还可以细分为三重属性:第一,大众传媒产业组织的产业属性;第二,大众传播的社会属性;第三,传媒机构作为党和政府"喉舌"的政治属性②。按照这一说法,我们也可以把我国媒体进一步分为官方媒体、商业媒体和公共媒体三个类型。但从总体来看,上述三重属性又表现为"三位一体"的特征,即同一媒体往往同时肩负上述三种责任。媒体的这一多样化生态格局和西方发达社会有些类似,为提高政府公共传播效果与效率提供了多样化的渠道选择。但同时,利益目标的多元化也对政府规制媒体带来了纷扰。为了确保政府对官方媒体的掌控,集团化成为我国传媒业过去 20 年发展的主要方向。通过集团化的垄断,政府可以借助组织的方式支配传媒业资源,以降低市场方式配置资源带来的对行政力量传播话语权的干扰。自从 1996 年我国开始组建传媒集团开始,传媒业逐步进入一个整合期,形成以党报党刊为"龙头"的复合型传媒集团。2013 年 10 月,上海将原有解放日报报业集团与文汇新民联合报业集团又进行再次合并,组建了规模空前的"上海报业集团"。在上述兼并重组的过程中,政府希望通过主导传媒集团人财物的配置来实现传播权的掌控,强化官方媒体在当前信息传播格局中的强势与主流地位。

---

① 李良荣、沈莉:《试论当前我国新闻事业的双重性》,《新闻大学》1995 年夏季号。
② 叶乐阳:《我国大众传媒属性之辨》,《桂海论丛》2003 年第 3 期。

但是,伴随着互联网等新媒体对区域与行业垄断基础的消解,传统媒体集团的影响力出现了明显下滑。如何保障既有政府—媒介关系的稳定性,改善政府对于传播话语权的掌控,正成为国家层面的重要议程。2014年8月18日,中央全面深化改革领导小组审议通过了《关于推动传统媒体和新兴媒体融合发展的指导意见》,提出了打造"新型主流媒体"和"现代传播体系"的媒体发展目标,并将新传播技术的应用与普及作为官方媒体未来发展的首要任务。面对一个日益融合的信息传播渠道格局,政府公共传播需要更多的创新智慧才能解决新问题、抓住新机遇。

第二节 我国大众传播渠道的优势与劣势

一、我国大众传播渠道的优势

1. 权威性

基于前文对我国政府和大众传播媒体关系的分析,我们认为,作为政府公共传播主渠道的官方媒体的首要优势是其权威性。

首先,作为官方媒体的身份,大众传播媒介的权威性即源于政府。政府代表人民行使权力,管理社会事务,保证国家机器的正常运转。为了履行这些职责,政府的权威性是必不可少的。政府通过大众传播媒介发布涉及国计民生的相关信息和政策法规,这些信息直接决定着公众如何决策,并协调自身行为。因此,官方媒体必须是权威的,否则会直接伤害政府的权威性。同时,作为传播主体,政府的权威性也借助这一公共传播过程而得以体现。

其次,大众传播媒介更能够凭借高度组织化和专业化赢得权威性声誉。尤其是在重大突发危机事件中,大众传播媒介对社会信息需求的准确把握和及时回应会帮助政府尽快处置好危机,并修复源于危机而造成的关系破损。除了本章前文所述2003年"非典"中的受众媒体信任度调查外,2009年对北京、上海、广州三个城市居民有关甲型H1N1信息的调查也对上述论断提供了部分的证明。调查发现:我国媒介公信力在重大公共卫生事件中呈现一种"双峰"现象,要么信任官方媒体,要么什么都不信;而对于非官方渠道的信任比例很低①。

2. 协同性

按照美国传播学者M·麦库姆斯和肖提出的"议程设置"的理论观点,大众传播具有形成社会"议事日程"的功能,传播媒介通过赋予各种议题不同程度"显著性"的方式,影响着公众关心大事的焦点和对社会环境的认知。相对于其他传播渠道而言,我国大众传播媒介由于受政府的管理和掌控,是政府的"喉舌",因此在传播中具有一致性的立场,是政府声音的"放大器"。官方媒体这一协同性特点可以放大政府"议程设置"能力和效果。通过官方媒体铺天盖地的传播活动,可以保证政府阶段性工作的重点被突出和强调,使该信息成为社会主流人群关注和讨论的话题,便于高效率动员社会力量解决某一重要问题。我们可以看到,每逢我国重大政治性活动举行期间,各类大众传播媒介就会被同一议题聚合起来,立场一致地报道该活动,使政府的中心工作成为人们关注的焦点。大众传播媒介的"合唱"是我国媒体体系的独有特点,也是媒体促进国家与社会发展、推动社会运动深入开展的主要手法。

3. 垄断性

基于政府与大众传播媒介的特殊关系,官方媒体对党政部门的信息发布具有高度垄断性。人们要想了解国家大事和政府看法,官方媒体往往成为第一选择渠道。政府所掌控的大众传播媒介的传播行为也

---

① 参见于丹、张洪忠、杨东菊:《我国官方传播渠道在重大公共事件中的公信力研究》,《国际新闻界》2010年第6期。

因此就具有了一定的强制性,即接受强制性。此类信息与公众的切身利益密切相关,他们往往会主动、积极地寻求权威信息,以便做出判断来规避风险(如果此时主渠道的信息满足不了他们的需求,他们就会转向非主流渠道,寻求补充性的信息)①。作为官方喉舌的大众传播媒介是政府沟通社会的主渠道,具有不可替代的价值和作用。基于官方信息发布的垄断地位的获取,大众传播媒介也由此成为政府公共传播渠道中最重要的信息出口。

二、我国大众传播渠道的劣势

1. 单一信源容易导致官方媒体公信力流失

前文说到我国大众传播媒介享有很多独占的新闻资源,因为它们是政府唯一主动发布信息的渠道,也是公众获得政府权威信息的唯一渠道。这也意味着人们在这类媒介主导的政府公共传播活动中获得的信息来自单一信源。传播效果研究发现,信息的可信度很大程度上取决于信源的公信力。当信息都来自一个信源,缺乏多信源的相互印证时,公信力程度就会降低,受众就有接受障碍。政府本身有很大的权威性,大众传播媒介都是根据政府提供的权威信息来报道政府,整个传播过程都体现了一种信息的封闭性。在受众无法对信息的可靠性进行检验时,很容易出现前文提到的调查所显示的情况,即很多公众对官方媒体采取了要么全信、要么一点儿也不会相信的相对极端的态度。同时,政府部门基于信息封闭而带来的所谓的权威性在信息不断透明、信息来源日益多元化的新型传播格局下正面临挑战,新的传播权力关系结构将会严重挤压政府对相关信息资源的独占空间,进而降低官方媒体对政府信息的垄断程度,促使官方媒体必须通过竞争的方式,而非垄断的方式重新获得权威性。

---

① 程曼丽:《政府传播机理初探》,《北京大学学报·哲学社会科学版》,2004年第3期。

按照潘忠党和李良荣的研究,新一轮新闻改革应该以强调传媒公共性为核心①,而且传媒改革的最终目标就是走向公共性②。从政治沟通的视角来看,这一公共性要求实际上是当前国家治理体系与能力现代化对官方媒体的要求,即官方媒体不能只是单一政府利益的传声筒,而是需要从公共利益出发报道各方观点,并促进各个社会治理主体之间的沟通,进而达成社会共识,推动社会问题的解决和社会的和谐发展。基于这样的新角色定位,官方媒体尤其需要改变之前单一信源对于大众传播活动的制约,而要通过对社会治理主体利益主张的合理呈现,获得更高程度的公信力。

2. 媒体很难发挥舆论监督的基本功能

政府和媒体的关系结构决定了官方媒体作为行政系统的一部分发挥作用;同时,这也限制了官方媒体对政府发挥舆论监督的空间。总体上说,当代中国舆论监督显现出一个重要特征,就是"俯视型"监督或称垂直型监督体系的形成,即媒体对政府的监督不仅被动,而且对媒体所隶属的政府及其上级政府是很少有可能进行有力监督,只能对媒体所隶属政府的下级政府进行监督③。这种"俯视型"监督体系的直接后果是造成媒体的"畏上"和"畏外",逐渐丧失了监督能力。这无疑削弱了我国官方媒体的功能,影响其作为"社会瞭望者"角色的职能发挥。

这里还有必要探讨一下"异地监督"的影响力。按照相关的研究,"俯视型"监督体系实际上无法提供异地监督的动力机制④。那么,我国大众传播媒体异地监督的动力机制只能来自属于体制增量部分的社会主义市场经济体系了:市场的力量迫使媒体必须满足受众需求才能获得更多发展的机会,满足受众对媒体功能与角色的价值期待成为媒

---

① 潘忠党:《传媒的公共性与中国传媒改革的再起步》,《传播与社会学刊》(总)第6期(2008年)。
② 李良荣、张华:《参与社会治理:传媒公共性的实践逻辑》,《现代传播》2014年第4期。
③ 参见刘晖:《中国政治传播体制与政府的多层合法性结构》,《理论界》2009年第3期。
④ 刘晖:《中国政治传播体制与政府的多层合法性结构》,《理论界》2009年第3期。

体在市场经济体系内自我救赎的首要选择;限于"俯视型"监督体系的约束,媒体对本地政府进行监督的空间相对逼仄,只能转而寻求对异地政府的监督,并得以摆脱"俯视型"监督体系的束缚。这一由于市场经济催生而来的"异地监督"曾经给各个地方政府带来非常大的困扰。但总体来说,异地监督的力度大小还要看媒体所属地方政府承受外来压力的限度,而并非所有的地方政府都愿意为当地媒体的异地监督承担额外压力,地方政府很可能要冒着被异地监督区域媒体的要挟与报复的风险。因此,异地监督在一段时间内曾被公开叫停,其目的就是缓和各地政府因为异地监督而形成的紧张关系,进而维持既有"俯视型"监督体系的固有秩序。

3. 缺乏危机事件中的沟通能力

危机传播对于政府公共传播中官方媒体的角色扮演是一个严峻挑战。这是因为危机事件属于"计划外事件",危机传播行为往往是发生了某一事件后政府必须出来"说话"(传播)。这些事件很大部分是公共危机,如2003年爆发的"非典"、近年来各地持续发作的PX项目事件等等;另有部分原本是区域性危机,影响范围较小,但由于网络传播的"脱域化"特点,这些危机也被迅速扩大升级,如果陕西华南虎照案、湖北邓玉娇案等。官方媒体在危机传播中的尴尬角色源于危机常常被界定为"负面事件"。而按照前述"三闻原则"的宣传规制原则,此类信息应该属于被"屏蔽"的范畴,即属于"无闻"、不传播的事件,官方媒体在危机事件发生后常常被要求尽可能保持沉默,而不是应民意之要求深入调查、迅速做出反应。这是传统大众传播管理体系对官方媒体的基本规定,也是政府传播在封闭系统条件下的单向信息控制模式的基本特征。但是,在异地监督和网络信息流动频繁的当下,政府对于大众传播的全面掌控成本日益高昂,而且效果也越来越糟糕,封锁消息的结果不仅无法提高政府的美誉度,反而带来政府与媒体公信力的双双下降,并导致很多小事件转化为影响力巨大的公共危机事件。

因此，如何在新的传播格局下打造一个可沟通的政府，是当前危机事件处置最为关键的问题。政府要学会在"全世界在观看"的时代场景中"说话"，而不能固守传统传播经验，错失沟通良机。

第三节　西方政府如何利用大众传播渠道

人们通常有一种误解，西方媒体具有很大的自主权，而且以私营为主，政府很难和媒体合作实现自己的传播目标。事实上，尽管有"媒介免于政府干涉"的传统，西方却同样有着政府与新闻媒体合作共赢的历史传统；只不过，政府通过控制和影响媒体来达到自己的目的，所采用的手段更加多样化。尤其是美国等国家，政府在利用媒体进行政府公共传播上更是经验丰富；与此同时，西方的官方媒体本身也具有很高的政府公共传播能力。

一、以国内为对象的政府公共传播策略

按照地域可将政府公共传播分为国内和国际两种，对国内的政府传播面向的是广大国民和国内非政府机构。

1. 作为信息源为媒体传播设置议程

政府具有对核心信息的独占性，尽管美国媒体声称自己是独立的，但记者一个重要的新闻来源就是政府；而官方也不遗余力地为记者提供大量信息，以便引导新闻报道的走向。美国白宫和五角大楼每天各有两次新闻发布会，国务院一天一次。白宫每天印发15到20条新闻发布单，联邦政府雇用13000多人专职与新闻界联络，仅此一项政府就要支出30多亿美元[①]。美国新闻媒体面对政府提供信息的新闻诱惑，

---

① 刘行芳：《西方传媒与西方新闻理论》，新华出版社2004年版，第433页。

也就在有意无意之中受到其无形的调控。正如哈佛大学教授罗杰·希尔斯曼所说的那样:"他们想当政府的批评者。他们竭尽全力避免成为政府的工具。但他们明白,白宫、国会议员和行政官员在利用他们。而他们对此无能为力,官员是他们的消息来源,反过来官员们又利用他们的语言把这些消息公之于众。"①

最典型的新闻源控制是对战争时期军事信息的控制。美国采取的是由军方统一报道口径、统一发布新闻的做法。第一次海湾战争期间,美国军方提供给新闻网的是经过剪辑的轰炸录像,美国的大部分媒体也就照此进行报道。尽管一些媒体对此多有怨言,但由于信息渠道相对单一,媒体只能被动地传播政府提供的信息。在第二次海湾战争中,尽管信息来源较以前多了,媒体的自主性也有所增强,但从根本上说,媒体对政府的信息依赖关系没有改变②。日本也存在着政府对新闻源控制的现象,其著名的特殊机构"记者俱乐部"就是政府信息的集散地。记者俱乐部是政府部门、社会团体、财团、司法机构等为方便各个新闻机构采访而提供的记者会见场所。记者俱乐部根据所在地点不同,分成首相官邸记者俱乐部、外务省俱乐部等,还有自民党的记者俱乐部等政党记者俱乐部。据统计,在日本有近八成的政治信息和近三成的经济信息都来源于记者俱乐部③。

2. 与媒体及时互动,形成快速的危机反应机制

与我国官方媒体危机事件中被动传播、沟通能力缺乏相比,西方政府在利用媒体应对危机事件等方面具有较高的水平和经验,主要表现为成熟的应对理念、较快的反应速度、规范的反应机制。以美国"连环杀手案件"的危机处理情况为例,可以看到美国政府与媒体互动的能力和机制。2002 年,美国华盛顿地区遭遇了一次"连环枪手危机"。案发

---

① 罗杰·希尔斯曼:《美国是如何治理的》,商务印书馆 1988 年版,第 383 页。
② 程曼丽:《政府传播机理初探》,《北京大学学报·哲学社会科学版》2004 年第 3 期。
③ 参见刘锦鸿:《日本媒体与政府走得很近》,《环球时报》2003 年 10 月 1 日。

后,警方迅速公布了相关信息,如被害人的情况、凶手留下的信件内容、犯罪嫌疑人的特征、破案采用的高科技手段等。当地政府也定期召开新闻发布会,由州长、警察局局长亲自向市民通报,包括美国总统在内的联邦政府官员亦出面发表讲话,表现出了高度负责的态度①。由于政府对媒体和公众的积极配合,以及信息的及时公开,使公众了解到事件正在被快速而有效地处理,这反而有利于案件的侦破和人们恐慌心理的克服。由于加强了对突发事件的新闻发布,这起连环枪手案在政府与公众的互动合作下短短20多天就迅速告破。

3. 注重通过"传播策划"来提高传播效果

通过"策划"进行的政府公共传播是一种更高级的传播技巧。它包括一般性的信息传播、新闻发布以及记者招待会;涉及新闻传播的具体细节,包括时间、地点、形式、内容,发布的范围、频率以及媒体的选择等,甚至还涉及发言人发型服饰、言谈举止等的设计(美国历任政府中都有这方面的专门机构或人员)②。在美国,从联邦政府到州政府,都设立公共关系机构,试图通过这样的机构来影响媒体,树立较好的政府形象。白宫还有单独的公关机构,尼克松当政时曾拥有一支60多人的公关队伍,年公关开支达4.36亿美元③。这些机构为政府传播进行传播策划,大众传播媒介往往会成为"策划方案"的执行者。比如通过记者招待会和政界名人频繁出席电视节目来传达信息,对新闻发布的形式进行包装,专门对政府发言人的形象做设计,使其言论更具说服力,等等。其中,美国总统竞选战集中体现了参选政党的传播策划力。

---

① 参见付郎:《突发事件的新闻发布:挑战政府公共信息传播机制》,《中国信息界》2004年第7期。
② 程金丽:《政府传播机理初探》,《北京大学学报·哲学社会科学版》2004年第3期。
③ 郝明工:《试论新闻控制》,《新闻界》2008年第6期。

二、以国际为对象的政府公共传播策略

1. 不断革新全球传播专门机构

在全球化背景下,西方国家对国际传播中的国家形象十分重视,纷纷成立专门传播机构指导和运作面向国际的政府传播。这些机构不仅能够协调和统一传播的口径,还可以从传播层面帮助推行一国的外交政策。2003年7月30日,设在纽约的美国对外关系委员会当天发表一份相关研究报告说:"在全球范围内,从西欧到远东,许多人认定美国政府傲慢、虚伪、热衷于自己的想法、自我放纵以及藐视他人……我们必须懂得并且接受一个事实,即'形象问题'和'外交政策'并不是相互分离的两件事——它们是一个综合体中的两个部分"[①]。当日,美国白宫宣布成立"全球传播办公室"(Office of Global Communications,OGC),以取代之前国防部下设的口碑很差的"战略影响办公室"。后者成立于"9·11"后,旨在改善美国在阿拉伯国家中的形象。但因被怀疑通过发布虚假消息来影响海外舆论,该机构受到国内外舆论的强烈谴责,已经于2003年2月被迫关闭。白宫全球传播办公室在美国国务院下属各机构及其他机构之间起协调作用,它负责向全世界解释"美国是什么样的、美国为什么这么做"[②]。该办公室负责发布美国政府每日的外交讯息,旨在就政府机构与外国交流交往的战略方向和主题提出建议,并宣传美国的价值观。该部门的成立主要针对一些国家和地区,尤其是阿拉伯和欧洲国家的反美情绪。在正式确定攻打伊拉克之后,该办公室立即根据作战方案做出了舆论宣传计划,对战争中舆论宣传工作做了统一部署。高度现代化、空地一体覆盖全球的舆论信息传播网络迅速进入满负荷、超常规工作状态,使舆论宣传阵地成了不见硝烟

---

① 转引自徐勇:《白宫扯大嗓门修补形象》,金羊网,2002年7月31日。
② 参见新华社:《美白宫筹建"全球通讯办公室"以加强对外宣传》,新华网,2002年7月31日。

的"第二战场"①。

与此同时,2005 年俄罗斯总统办公厅也增设了一个类似的新机构——对外地区及文化合作局。它的主要对象是独联体国家和波罗的海近邻国家,主要目的就是通过文化和教育,稳定和维系俄罗斯对后苏联地区的影响②。

2. 利用强势媒介传播力,扩大对外传播影响力

由于产业化程度更高,西方国家的媒体行业具有更强的经济实力,不仅发展出了在世界上有影响力的国际主流媒体,如美国的《纽约时报》、CNN、英国的 BBC 等,还有不少全球化的大型媒体集团。美国学者伯纳德·科恩指出,媒体是一条连续而明确的纽带,联结政府和关心国际事务的公众,因而成为外交决策不可或缺的要素③。西方国家的政府特别重视利用这些强势传播机构来对外传播政府信息;尤其是在国际事务中,政府通过这些机构的传播辐射能力和影响力来引导国际舆论,起到了事半功倍的效果。

哥伦比亚大学教授、肯尼迪总统任内的助理国务卿罗杰·希尔斯曼(Roger Hilsman)曾将决策权力分为三个层次,总统处于权力中心,媒体处于权力第二环,公众舆论处于权力的最外环④。美国前总统里根也曾说:"六点钟新闻是现代总统的最大优势。总统总是能出现在每天的晚间新闻中,只要他希望这样——他常常也是这样想的。他们很容易使自己成为重大新闻报道的关注的对象,因为美国总统是世

---

① 吴刚:《伊拉克战争中美军舆论战探析》,《政工学刊》2005 年第 5 期。
② 沈苏儒:《开展"软实力"与对外传播的研究》,《对外大传播》2006 年第 7 期。
③ Abbas Malek, Krista E. Wiegand, News Media and Foreign Policy: An Intedated Review. in *News Media and Foreign Relations: A Multifaceted Perspective*. Greenwood Publishing Group, Incorporated, 1996, p. 5.
④ Roger Hilsman. *The Politics of Policy Makingin Defense and Foreign Affairs*. New Jersey: Prentice-Hall, Inc., 1971, p. 277-284.

界上最有权力的人。"①还是在第二次海湾战争中,布什政府就利用美国媒体顺利地推行了自己的宣战主张,并利用舆论战瓦解了伊拉克的抵抗。尽管没有事实证明萨达姆与恐怖主义或基地组织有任何联系,但在美国所有涉及伊拉克的报道中,恐怖主义、基地组织以及本·拉登却高居榜首,占所有用词的 45%,甚至一直以坚持反战著称的《纽约时报》和《时代》周刊,对战争的支持率也高达 48%,而坚决反对战争的只有 22%②。有研究者对此评价道:"美国各媒体在国家利益高于一切的理念指引下,与政府默契配合,紧紧围绕军事行动展开舆论宣传。"③

3. 借助软实力来实现潜移默化的影响力

"软实力"(soft power)是指这样一种能力,即通过吸引而不是施压(如军事、经济上的压力)或施惠(如经济、财政、物资上的援助)来达到所预期的目的或效应。这种吸引力主要来自一个国家的文化、价值观(包括政治理念)和内外政策等各个方面,它同时具有亲和力和影响力④。软实力很多时候体现在一国的公共传播能力上。当今的国际环境已不再停留在"大棒"+"萝卜"可以对付一切的年代,与软实力相对应的国际传播即为软传播。软传播往往更多地借助特殊的文化产品而非一般的新闻报道。尤其是以电影、电视剧、图书、动漫为代表的宣扬一国文化理念和意识形态的文化产品发挥了重大作用。文化产业具有经济和文化的双重功能。因此,文化产品的对外输出除了能带来巨大的经济利益,还能通过文化媒介承载一国的价值观和文化传统,做到通过商品来宣传民族文化,提高一国的文化吸引力并进而提高国家形象和软实力。

---

① Charles W. Kegley. *American Foreign Policy: Patternand Process*. NY: St. Martin's Press, Inc., 1995, p. 279.
② 李庆四、张如意:《媒体—政府互动与美国外交决策:以伊战为例》,《燕山大学学报·哲学社会科学版》2008 年第 1 期。
③ 吴刚:《伊拉克战争中美军舆论战探析》,《政工学刊》2005 年第 5 期。
④ 沈苏儒:《开展"软实力"与对外传播的研究》,《对外大传播》2006 年第 7 期。

西方政府公共传播很重视利用软传播。美国的电视节目机构炮制了风靡全球的"美剧热",全球电影生产基地好莱坞更成功地为世界编制了一个"美国梦"。好莱坞在创造巨大经济效益的同时,客观上促进了人们对美国文化的认同,提升了其国家形象,这当中自然也包括美国政府的形象。比如好莱坞电影中经常出现美国总统的形象,无不是正义凛然又充满智慧,一副世界正义使者的形象。每当地球或者人类面临灾难,美国或者美国"总统"总是一次又一次地在大屏幕上扮演了"拯救者"的角色。

另外值得一提的是以"韩流"为代表的韩国文化产业对于韩国的影响。韩国文化产业的成功很大部分来自政府以及韩国媒体的支持,韩国政府积极推动文化产品的国际化传播,为文化产业制定国际化的发展战略,设立专门机构文化产业振兴院。媒体也配合政府力捧"韩流"明星,这样的联合行动使得韩国文化在短期内大大提升了国际影响力。这也是值得我国政府借鉴的地方。

第四节　政府公共传播:非大众传播渠道的使用与合作

大众传播媒介作为政府公共传播的主渠道发挥了非常重要的作用,但在大众传播媒介系统之外,政府公共传播还有着丰富的渠道可供选择。在谈到国家形象构建的时候,有研究者认为,目前我国的相关战略存在"媒体本位"的问题,即在国家形象建构方面,中国对外传播过于依赖大众媒介,尤其是依赖官方中央级的对外传播媒介,而忽略了非专业性的传播媒体、新兴媒体及其他人际传播和跨文化传播渠道[①]。我们也认为,政府公共传播不仅重视大众传播媒介,同时也要扩大传播渠道,重视非大众传播渠道的使用与合作。政府非大众媒介传播渠道是

---

① 张昆:《当前中国国家形象建构的误区与问题》,《中州学刊》2013年第7期。

指政府通过人际传播、组织传播等大众传播之外的其他类型传播渠道与公众进行的沟通交流活动。这其中既有以政府为主体的人际传播与组织传播,也可以借用民间组织的传播渠道。

一、政府的非大众传播渠道

政府公共传播除了使用大众传播媒介之外,还可以借助人际传播和组织传播来进行。其中,人际传播是人类社会最古老的传播方式,是个体与个体之间的信息交流活动,包括面对面的直接传播和借助于媒介的间接传播。直接传播主要是通过口头语言、类语言、体态语的传递进行的信息交流;间接传播指在现代社会里的各种传播媒体出现后,人际传播不再受到距离的限制,可以通过新型传播媒体(如电话、书信、手机、网聊、BBS论坛等)进行的远距离交流[①]。政府传播中的人际传播可以是面对面的信息传播,如交谈、交往、约谈、讨论、对话等,也可以是借助传播工具进行的传播,如写信、打电话、发传真等[②]。当然,现代政府公共传播中的人际传播已不仅限于这些基本信息传递,而是利用更多手段使政府信息更好地为公众所接受。组织传播也称团体传播,是指组织成员之间或组织与组织之间的信息交流行为。政府公共传播中的组织传播目的在于稳定和密切政府成员之间的关系,协调行动,减少摩擦或内耗,维持和发展政府的生命力,疏通政府内外渠道,应对政府外环境的变化[③]。下面介绍几种常见的政府人际传播与组织传播的类型。

1. 领导人传播:人际沟通与大众传播交织的魅力

我国领导人传播是随着经济社会的发展和大众传播媒介的兴起而

[①] 参见周云、彭光芒:《人际传播中的信息交换与利益实现》,《北京理工大学学报·社会科学版》2005年第7期。
[②] 邵培仁:《传播学》,高等教育出版社2000年版,第34页。
[③] 尹佳:《论新中国政府传播及其创新》,湖南大学2007年硕士论文。

备受重视的。在我国,党和国家领导人到全国各地视察与考察的活动往往具有一定的针对性,是对一个时期内各项工作进行指导与部署的方式之一。从邓小平的"南方谈话",到近期习近平多次赴兰考、曲阜考察,甚至是到"庆丰包子"的就餐,领导人活动都在传播着不同的政治信号。

与领导人传播相关的一个概念是新闻执政,即政府通过大众媒介主动或被动地发布各种新闻,以树立执政形象,提高社会公众认同度的行为过程①。其中,政府领导人扮演了非常重要的角色。对此,美国政府有一系列做法和制度:一是用表态制造新闻。各级政府官员重视在事件发生后及时表态,第一时间发出政府声音,迅速将公众凝聚在政府一方。二是用行动制造新闻。美国领导人经常在全国各地视察讲话,把每天的活动日程提前告诉记者,从而使领导人的行动和讲话及时变成新闻,告知公众,力图使公众时时看到国家领导人的媒体形象。三是用政策制造新闻。即修改或制订一项政策,一定要突出新的内容以引起公众和媒体的兴趣并获得欢迎②。这些为我国政府官员利用大众传播媒介来传播信息提供了可资借鉴的经验。

此外,官员媒介素养也是提高人际传播沟通效率而需要特别关注的一个方面。根据1992年美国媒体素养研究中心对媒介素养的定义,媒介素养是指人们面对不同媒体中各种信息时所表现出的信息选择能力、质疑能力、理解能力、评估能力、创造和生产能力以及思辨的反应能力③。政府官员的媒介素养,则专指政府官员对大众媒介的认识、利用和参与方面的素养。其中最根本的是了解大众媒介与政治、经济、社会、文化的关系,对社会和个人的作用,了解各种传媒的特点,知道评判传媒的标准;在此基础上形成对媒体的积极态度和主动能力,能够科

---

① 参见郑丽勇:《新闻执政及其合法性效应考察》,《南京社会科学》2010年第10期。
② 参见李希光、陆娅楠:《新闻发布与新闻执政的紧迫性》,《新闻记者》2005年第1期。
③ 转引自袁军、王宇、陈柏君:《政府官员的媒介素养现状及提高途径》,《现代传播》2009年第5期。

学、有效地利用媒体,并且积极地参与媒体,主动地支持和监督媒体①。相关调查发现,我国政府官员媒介素养目前还存在一些问题,主要表现在:首先,对新闻基础知识和业务常识掌握的表面化、概念化倾向,知识框架尚未成形,实际操作经验有待增强;其次,对我国社会主义体制下新闻事业的特殊性以及社会转型背景下政府与媒体关系的转变尚未给予足够重视;再次,职务性在政府官员的媒介接触以及由此所形成的媒介认知中扮演着举足轻重的角色;最后,政府官员在新媒体使用方面表现出相对一定的"滞后性",这与该群体的先进性要求相矛盾②。此外,不少官员面对新媒体环境下的公众舆论,仍表现出漠视或抵触的态度,将网络等新媒体视为煽动公众情绪、传播流言的平台③。因此,提高政府官员在新媒体时代的媒介素养是当务之急。

2. 新闻发言人:组织层面的人际交流

关于政府新闻发言人的概念界定,刘建明认为,"新闻发言人的职责是在一定时间内就某一重大事件或时局的问题,举行新闻发布会,或约见个别记者,发布有关新闻或阐述本部门的观点立场,并代表有关部门回答记者的提问"④。原国务院新闻办公室主任赵启正则认为"新闻发言人不是人,而是制度"⑤。新闻发言人的出现是组织层面个人化沟通的要求,尤其强调制度保障与人际传播技巧的结合。新闻发言人制度萌芽于19世纪末期的美国,而最早设立新闻发言人制度的是美国第27任总统威廉·霍华德·塔夫脱,他是第一次安排举行每周两

---

① 参见郑欣:《政府官员:一个特殊群体的媒介认知及其应对行为研究——以700名处级以上干部媒介素养调查为例》,《新闻与传播研究》2008年第3期。
② 郑欣:《政府官员:一个特殊群体的媒介认知及其应对行为研究——以700名处级以上干部媒介素养调查为例》,《新闻与传播研究》2008年第3期。
③ 彭伟步、李贺:《新媒体环境下官员应有怎样的媒介素养》,《中国记者》2010年第5期。
④ 刘建明:《宣传舆论学大辞典》,经济日报出版社1992年版,第357—358页。
⑤ 参见"新闻发言人不是人,而是一种制度",《领导决策信息》2003年第45期。

次的定期记者招待会的政府领导人①。我国1983年由外交部率先设立新闻发言人,但一开始并未全面推广。直到2003年"非典"危机过后,该制度才在中央和地方各级政府部门得以全面建立和广泛推行。刘建明总结了新闻发言人的主要责任和任务是:代表政府向媒体发布信息、介绍政策、通报情况、说明立场和回答记者的提问,让群众知道政府要做什么、做得怎样,了解群众的呼声,加强政府与群众的联系,为政府工作营造良好的舆论环境②。

在西方国家,新闻发言人制度较早存在于各级政府部门,而且新闻发言人常常要求有丰富的媒体从业经验。以美国为例,从艾森豪威尔时代开始,白宫历届新闻发言人中有85%是新闻记者出身或是在媒体工作过;而近30年来,这个比例几乎是100%③。当前我国政府部门的新闻发言人大体上有三种来源:一是主管领导,如有的地方要求出任新闻发言人的必须是该部门的"二把手";二是秘书长和办公厅主任的"总管式"人物;三是宣传部门的负责人。其中第二类人选是各级政府部门新闻发言人最主要的来源。研究者认为,"选择以上三类人员从总体上说是符合中国国情的,也基本能够满足现阶段对新闻发言人的要求"④。但比较而言,我国当前新闻发言人因为较多缺乏媒体从业经验,对媒体运行规律和记者专业诉求知之甚少,和公众以及媒体沟通起来也会显得困难重重,冲突与误解时有发生。

政府新闻发言人的发言本质上属于组织传播方式,但在新闻发布会现场却表现为新闻发言人与到场记者面对面的沟通,即人际传播。随着信息化和网络化的发展,不少新闻发布会已经从报纸全文刊载、电视实况转播发展到网上同步举行,通过网络新闻发言人这种特殊方式,网民可以在网上通过某一规定的沟通渠道与新闻发言人沟通、提问。

---

① 宋双峰:《新闻发言人制度在我国20年》,《中国记者》2003年第9期。
② 刘建明:《新闻发布概论》,清华大学出版社2006年版,第114页。
③ 参见史安斌:《从政府宣传到公共传播》,《小康》2007年第9期。
④ 参见史安斌:《从政府宣传到公共传播》,《小康》2007年第9期。

这种更开放的形式结合了人际传播和网络传播的优点,更便于公众与政府之间实现有效沟通。例如,2009年9月1日起,贵阳市正式启动政府系统网络新闻发言人工作,由网络新闻发言人代表贵阳市政府对外发布网络新闻和政务信息,并就网络媒体和公众关心的问题进行答复。贵阳市还专门出台《贵阳市政府系统网络新闻发言人工作方案(试行)》,该方案规定"中国·贵阳"政府门户网站为贵阳市网络新闻发布第一平台,开设"贵阳市新闻网络发布平台"和"舆论监督回复专栏",整合传统新闻发布会的信息资源,并以"网络新闻发言人"名义,采取发帖、跟帖的形式对网络舆论进行回复①。紧随其后,2009年12月,南京市政府同时推出了90个部门的网络发言人,其力度之大,国内罕见。而更引人关注的是南京方面还规定了网络发言人必须在24小时内回复网帖。此举被舆论评价为网络发言人制度的一大进步②。

3. 网络问政:政务平台上的人际沟通

截至2014年6月,我国网民规模已达6.32亿,排名世界第一,互联网普及率也达到了46.9%③。伴随着互联网的兴起,特别是微博的兴起,网络问政成为沟通政府和网民的一个重要方式。2006年1月1日中央人民政府门户网站的正式开通,标志着我国政务网站层级体系的架构已经基本形成。CNNIC第32次互联网报告显示,以GOV.CN结尾的英文域名总数为53776个。相关评估数据显示,我国省级、省会城市及计划单列市政府门户网站拥有率均达到100%,地级市政府门户网站拥有率为97.67%。近年的绩效评估显示,各级政府网站建设水平均有不同程度的提升④。此外,政府机构和公务人员直接进入网

---

① 参见《贵阳:建立政府网络新闻发言人制度》,《人民政坛》2009年第10期。
② 参见《南京政府推出90个网络发言人,发帖将24小时内回复》,《北京日报》,2009年12月7日。
③ 中国互联网络信息中心(CNNIC):《第34次中国互联网络发展状况统计报告》,2014年7月21日。
④ 转引自张付:《我国公共政策传播渠道分析》,《中国流通经济》2013年第11期。

络空间参与民间舆论场的传播活动也成为近年来政务平台拓展的一种重要方式。截至2013年12月,在新浪、腾新、人民网与新华网上的政务微博已经超过25万家,其中公务人员微博达到了75505个[①]。上述网络问政平台与渠道的建设扩大了公众直接参与政治决策活动的机会,也给政府提供了一个与公众协商沟通、共同促进社会和谐发展的窗口。

二、政府公共传播:借道民间传播渠道

政府公共传播并非政府自身的独角戏,有时候还需要与非政府组织合作,借道民间传播渠道,会起到意想不到的的效果。例如,中美敏感时期,为了打破坚冰,中国推出了"乒乓外交"策略,以民间手段沟通了双方的外交底线,推动了中美两国的建交进程。非政府背景的组织传播以智库、非政府组织(NGO)和公关公司为首,它们在政府公共传播中发挥了重要的作用,是不可忽视的一股力量。

1. 民间意见领袖主导的人际传播

西方政府常常借助一些民间的意见领袖来实现政府意志的传递。这些意见领袖通常是有一定影响力的学者专家或以"私人"身份出现的官员。他们与智库等组织传播形式共同构成了政府公共传播的"第二管道",这要比政府为主体的公共传播更容易被公众接受。尤其在重大危机事件中,政府成为利益相关方,缺乏公正发言所需要的基础性信任,民间意见领袖的言论往往要比政府自身的辩白更有影响力。另外,这一传播渠道也被广泛应用于敏感时期和敏感地区的公共传播领域。由于"第二管道"更多以学者间交流的面目出现,褪去了官方色彩,不受政府传播权威性的制约,相对轻松而具有一定的交流弹性,可以在减少敌意与压力的氛围下,使其紧迫感与防御态度降低,通过有效的沟通,

---

① 国家行政学院电子政务研究中心:《2013年我国政务微博客评估报告》,2014年4月8日。

历经"信心建构"(confidence building),使参与各方跨越文化与政治差异,而产生定义与解决问题的共同利益,为其后正式官方沟通铺路①。比如印巴两国间就经常通过"第二管道外交"来改善双方紧张关系。可以说,民间意见领袖主导的人际传播已经成了国际政府传播的一个重要特征,这些意见领袖包括著名作家、前外交家、知识分子、前政府官员等各方最易接受的重量级人物。

2. 群体传播

在以往政府公共传播中,非政府的群体传播并未引起重视,因为一般的公民群体不具有政府立场,不会主动为政府传播信息。但人们越来越意识到群体传播,尤其是跨国的群体传播在全球化背景下对一国形象的巨大影响,以及由此引发的对政府公共传播潜移默化的影响。

随着上世纪80年代我国改革开放和经济发展,国门被打开,更多的国民走出国门,构成了海外旅游潮和出国留学潮。这些普通的中国公众一旦到国外就会自然变成中国的化身。国外的普通公民也是从他们身上来了解最新的"中国形象"从而留下"中国印象"。以往这两个群体都给其他国家留下了一些不太好的印象。例如,中国游客往往给人留下素质差的印象。英国一家针对世界游客文明程度的调查结果显示,日本游客以最会顾及旅游国的环境和声誉、整洁而有礼貌被欧洲酒店业界评为全球最佳游客;相反,中国游客以仅次于法国和印度,在"全球最差游客"排名中位列第三②。中国游客的低素质很多时候属于跨文化沟通的误读,但这也会产生负面的影响。正如美国《世界日报》载文所言,如果这1亿人(当时预测到2010年将有1亿中国人到海外游玩)在各国表现出彬彬有礼、高素养、高道德的形象,那么他们接触到的5亿、10亿外国普通公众,自然就会对中国有好感;反之,如果这1亿人在海外嘴脸丑恶、行为无礼,或者露出暴发户的心态;那么,他们就

---

① 刘小燕:《政府对外传播中的"智库"与"第二管道"》,《国际新闻界》2008年第3期。
② 余剑锋:《国民素质关乎国家声誉》,《大公报》2007年7月24日。

会成为新的"中国威胁论"的动力,为"中国威胁论"制造"素材"①。

另一个群体就我国的留学生,早年出国的那批通常给外国人留下刻苦勤奋的印象,正符合一个冉冉升起的国家应有的朝气形象。但近年来一些"富二代"出国镀金,将一些散漫自傲的负面印象传播到了世界各地。其直接后果也是让国外公众对中国人的素质产生怀疑。另外在网络时代,一些中国网民在网络上肆意攻击国外网站,通过国际社交网站发表所谓的激进爱国宣言,实际也促成了"中国威胁论"在国际社会的广泛散播。

3. 组织传播

(1) 智库。

"智库"(Think Tank)即智囊机构,也称"思想库"或"智慧库",是专门为公共政策和公共决策服务、生产公共思想和公共知识的社会组织,同时也是影响政府决策和推动社会发展的一支重要力量。据统计,2013年全世界共有6826家智库;其中,美国数量位居全球第一位(1828家),中国位居第二位(426家)②。目前世界各地知名的智库主要集中在欧美国家(参见表3-1),我国也有大量智库在政府公共决策中扮演着特殊的组织角色。在全球重要智库排名前100名中,中国有6家智库入围,分别是中国社会科学院、中国现代国际关系研究院、中国国际问题研究所、国际战略研究中心、上海国际问题研究院和国务院发展研究中心③。

---

① 转引自刘小燕:《政府对外传播中的软销与硬销》,《国际新闻界》2007年第8期。
② 参见《〈2013年全球智库发展报告〉发布》,《中国社会科学报》2014年1月27日。
③ 参见《〈2013年全球智库发展报告〉发布》,《中国社会科学报》2014年1月27日。

表 3-1　2012 年全球综合实力前 10 强智库①

排名	英文名称	中文名称	所属国家
1	Brookings Institution	布鲁金斯学会	美国
2	Chatham House (CH), Royal Institute of International Affairs	查塔姆社/皇家国际事务研究所	英国
3	Carnegie Endowment for International Peace	卡耐基国际和平基金会	美国
4	Stockholm International Peace Research Institute (SIPRI)	瑞典斯德哥尔摩国际和平研究所	瑞典
5	Center for Strategic and International Studies (CSIS)	战略和国际问题研究中心	美国
6	Council on Foreign Relations (CFR)	对外关系委员会	美国
7	Amnesty International	大赦国际	英国
8	Bruegel	布鲁盖尔研究所	比利时
9	RAND Corporation	兰德公司	美国
10	International Institute for Strategic Studies (IISS)	英国国际战略研究所	英国

"智库"在政府公共传播中的功能大致有：为政府出"点子"、造"主义"，提供咨询，影响重大决策；透过创办出版物、举办论坛、联系大众传媒等影响、推动舆论；配合国家对外战略，发挥"第二管道"作用；积极充当政府替身，为政府在国际外交上穿针引线，发挥某些官方外交渠道所发挥不了的作用②。比如智库经常与国际学术机构就共同关心的国际、地区或双边问题举办研讨会或对话会，以民间方式来沟通政府立场，寻求共识与底线。尤其是当两国外交关系出现大的波折或遭遇重

---

① 美国宾夕法尼亚大学：《2012年全球智库报告》，2013年3月29日。
② 刘小燕：《政府对外传播中的"智库"与"第二管道"》，《国际新闻界》2008年第3期。

大突发事件时,政府间沟通受阻、谈判不畅,往往由"智库"充当沟通桥梁,交换各方意见。例如美国智库就常常利用早餐会、晚宴、研究会等场合和方式探讨和交流政府问题,取得了不俗的效果①。

(2) NGO 组织。

所谓 NGO(Non Government Organization),即"非政府组织"。非政府组织一词第一次被正式使用是在《联合国宪章》第 71 条中,虽然该条没有对非政府组织的概念加以界定,却是在国际社会上第一次正式承认非政府组织的存在。1950 年联合国经社理事会相关决议中规定:"任何国际组织,凡不是经由政府间协议而建立的,都被认为是为此种安排而成立的非政府组织"。1968 年,联合国第 1296 号(XLIV)决议将这类组织的范围扩大为"包括接受由政府当局指定的成员的组织,如果这种成员资格不干预该组织自由观点的表达的话"。联合国经社理事会 1996 年第 1996/31 号决议也认为:"任何不是由政府实体或根据政府间协议建立起来的组织均应被视为非政府组织"②。

随着全球化和公民社会浪潮的推动,NGO 组织在政府公共传播中扮演越来越重要的组织传播角色,相当一部分的 NGO 在环保、促进教育和文化发展上发挥着积极作用,近年来也有越来越多涉及政治问题、关注跨国政治传播的 NGO 组织涌现。通过非政府组织发起的宣传活动让公众对其更加信任③。NGO 的公共传播功能主要体现在以下几方面——

首先,NGO 可以弥补政府失灵与市场失灵而造成的社会问题,并成为沟通政府和公众的桥梁。很多 NGO 在政府顾及不到的领域内,主动传播文化,关心弱势群体,甚至在某些问题上代政府行使管理职责。公众则通过 NGO 不仅获得了个人交往和利益集结需求的满足,

---

① 参见刘军玉:《决定美国对华政策的"大脑"》,《南方周末》2004 年 12 月 9 日。
② 参见何志鹏、刘海江:《国际非政府组织的国际法规制:现状、利弊及展望》,《北方法学》2013 年第 2 期。
③ 叶皓:《美国政府的媒体应对机制及其启示》,《江海学刊》2006 年第 3 期。

也在公共生活中表达了自身利益,发出了自己的声音。这种管道的提供和对政府的影响,一方面可以成为公众积极舆论的一个合适的释放和沟通渠道;另一方面也为政府做出科学的、吻合大众利益的决策提供依据①。

其次,NGO 配合政府公共传播,协助政府达到政治目标。西方 NGO 或配合政府的行为,为政府出台相关政策积极宣传;或补充、代替政府去完成政府不便出面或难以完成的使命。譬如对外推进民主一直是美国政府重要的对外战略目标。美国政府有很多机构直接从事海外推进民主计划,如"美国国际发展署"及"美国国务院民主、人权和劳工局"等,这些机构为那些符合"民主标准"的国家提供大量资金,以促进和巩固全球民主。同时,大量的 NGO 在其对外推进民主的进程中也扮演了不可替代的重要角色。例如,国家民主基金、国际事务国家民主研究所、国际私人事业中心、美国国际劳工团结中心、国际选举体制基金、自由之家、欧亚基金会、卡特中心等②。

(3) 公关公司。

公关公司在政府公共传播,尤其是政府公关中主要发挥着消除误解、构建良好社会关系与政府公众形象的作用。不少西方政府不仅依靠新闻发言人和专职新闻工作人员来沟通媒体,还拨付专款请专家、公司来培训官员、策划宣传。

政府利用公关手段传播自身优势信息在美国已有了悠久的历史,并被美国政府大量使用。美国政府与公关公司签订公关协议,这样政府就可以利用公关公司专业的技能和渠道发起公关宣传,而无需由政府出面为自己做宣传。同时,美国政府还聘请专业的公关人员来说服

---

① 余玲玲:《政府传播反馈机制研究——从非政府组织的角度》,厦门大学 2007 年硕士论文。

② Alexandra Silver. *Soft Power: Democracy - Promotion and U. S. NGO's*. Working Paper of Council on Foreign Relations. March 17, 2006. 转引自方长平:《中美软实力比较及其对中国的启示》,《世界经济与政治》2007 年第 7 期。

和引导舆论。传播学者李普曼、公关大师贝奈斯都曾经被美国政府所雇佣。阿富汗战争爆发前,"广告女王"夏洛蒂·比尔斯受命担任助理国务卿,充分利用外交、公关、广告等多种手段,影响世界舆论①。相较NGO而言,公关公司在推广舆论改变民意的策划和操作上更专业,不单单利用组织传播的方式,更会综合利用大众媒介等渠道。

但是,也需要特别注意的是,公关公司的操作要遵循基本的传播伦理,一旦突破伦理底线,无论多么专业的公关技巧都可能丧失公信力。前文提到的从属于美国国防部的所谓"战略影响办公室"就因为被媒体认为传播虚假信息而受到"狂轰滥炸",最终成立不足半年就被迫关门了事。"战略影响办公室"是美国国防部在"9·11"事件后于2011年11月新设立的一个部门。为协助该办公室展开行动,国防部还每月出资10万美元雇佣了华盛顿一家知名的国际咨询公司"兰登集团"(Rendon Group)。该公司曾为美国中央情报局等机构做过许多工作,以擅长在阿拉伯国家开展宣传战而闻名。该办公室常常以不署发件人真实地址的方式向记者、公民领袖及国外领导人发送电子邮件,宣传美国的立场观点,攻击不友好的国家和政府;还通过与国防部貌似无关的外围渠道给国外媒体提供新闻信息,操纵国外舆论等。舆论认为,所谓"战略影响办公室",其实质就是"假信息办公室"或"宣传战办公室",它在阿富汗反恐怖战争中的作用,一方面是揭穿塔利班和"基地"组织等"敌人"发布的"谎言";另一方面也为了能让美军处于更有利地位而"释放烟雾弹"。鉴于多次发生美国发布的消息与其他国家得到的情报不符的事实,美国传统盟国纷纷指责美国"在欺骗了敌人的同时也欺骗了盟友"。而国内媒体舆论也对此一片哗然。其中,《纽约时报》称该部门的主要目的是"向外国媒体提供假消息",而《华盛顿时报》甚至称,这是"美国宣传战的彻底失败"。最终,美国国防部长拉姆斯菲尔德不得不承认说,即使出于影响全球舆论的目的,五角大楼也不会向美国公众和

---

① 叶皓:《美国政府的媒体应对机制及其启示》,《江海学刊》2006年第3期。

全世界撒谎;但不排除为迷惑敌方、进而争取战场主动权而采取某些"战术性"欺骗手段。对此,时任总统小布什非常不满,要求国防部立即采取"相应措施"。他甚至表示,他领导下的政府决不欺骗美国人民,"为捍卫自由,真相比军队更加不可或缺"①。

第五节 政府公共传播渠道的优化战略

伴随着传播渠道的日益丰富,政府公共传播一方面要重视大众传播媒介这一主渠道;同时,也要研究其他渠道的特点,以打造高效率的信息传播渠道体系为目标,以便发挥不同渠道的各自优势。在新媒体时代新的传播权力格局下,政府不仅要改变传播观念和"自我修炼"必要的传播技巧,还需要从渠道优化入手改善整个传播流程。

一、重塑官方媒体话语权,建设新型主流媒体与现代传播体系

2014年8月18日,中央全面深化改革领导小组第四次会议审议通过了《关于推动传统媒体和新兴媒体融合发展的指导意见》。习近平在会上强调,推动传统媒体和新兴媒体融合发展,要遵循新闻传播规律和新兴媒体发展规律,强化互联网思维,坚持传统媒体和新兴媒体优势互补、一体发展,坚持先进技术为支撑、内容建设为根本,推动传统媒体和新兴媒体在内容、渠道、平台、经营、管理等方面的深度融合,着力打造一批形态多样、手段先进、具有竞争力的新型主流媒体,建成几家拥有强大实力和传播力、公信力、影响力的新型媒体集团,形成立体多样、融合发展的现代传播体系②。如果联系到十八届三中全会以来的诸多

---

① 参见媒体相关报道:新浪军事《热点聚焦:美国关闭有争议的"战略影响办公室"》,2002年2月28日;新华网《军事评论:美国为何关闭"战略影响办公室"?》,2002年3月1日等。

② 参见新华网《中央出台指导意见推动媒体融合发展》,2014年8月21日。

变化,这次会议的指导精神其实是与新一届领导集体的执政理念是一脉相承的。尽管同期传统媒体的收入出现了明显下滑,但我们仍认为,对于传统媒体如此重视,绝不仅仅是经济的原因,而是源于官方主流意识形态深层的焦虑和作为官方舆论场核心平台的传统媒体正面临的话语权消解的危险。

所谓话语权,不仅是说话的权利,更是话语的分量,即话语的影响力。面对新媒体的勃兴,作为官媒的传统媒体正陷入深深的"数字鸿沟"当中,话语的影响力也日渐衰减。数字鸿沟是一种形象化的说法,是指新传播技术对不同群体带来的影响。其中,因为使用能力的差异导致不同群体自身发展的差距被放大是当代社会面临的一个严重问题。传统媒体话语权原本来自官方把其作为面向社会的唯一大众传播渠道,即便有竞争,其实也是官媒内部话语权的转移。但伴随着新媒体而来的是大众传播权力的分化和去中心化,传统媒体独享的话语权不断被来自民间的意见领袖和新媒体平台分享,进而在一场关于传播数字化应用能力的竞争中逐步边缘化。究其原因,我们认为在于两点:其一,新媒体提供了更符合用户生活方式和体验习惯的传播产品;其二,新媒体因为敢于对社会发展中的问题提出质疑和批评,进而成为民间舆论场的核心平台;而传统媒体则更多因循既有的"选择性呈现"报道方针,忽视对社会发展中焦点问题的报道与反思,片面强调正面宣传报道为主。所谓主流媒体,必须是那些对时代发展面临的核心问题做出回应、成为人们行为决策的主要信息来源的媒体。如果只是面对上述第一层面的问题,传统媒体可以通过传播形态的改变,凸显内容生产的优势;而如果是第二层面的问题,那传统媒体则是从渠道到内容都丧失了直通"民心"的优势了。

传统媒体主导的时代,信息流动较多受制于政治力量的规训。这主要可以归因于政府希望通过媒体放大正面信息、抑制负面信息,为自身实践执政蓝图构建良好的舆论环境,降低因为负面信息带来的社会摩擦力。在既有的权力格局中,媒体往往成为行政权力结构中的一个要件,并因此常常缺乏必要的自主性空间。在新媒体、全媒体时代,被有意遮蔽的消息常常不胫而走,在网络平台上被广泛探讨、不断放大。碎片化的信息构成的事实真相可能并不完全,但已经达到了传播信息、引起受众关注的目的,常常迫使专业媒体不得不跟进事态发展。同时,传统媒体记者关于事件真相呈现过程中出现纰漏时,也会引起网民的围观与修正,进而在信息的汇流过程中提高了真相呈现的效率。以前,关于真相呈现的主动权掌握在政府手中;而当前的新媒体格局下,由于有了公众的参与,形成了官方舆论场与民间舆论场两个场域,两个舆论场关于真相呈现的效率竞争决定着舆情事件解决的难易程度。

所谓"政治家办报",在当前可以理解为如何通过打通两个舆论场、以更高的效率达成共识,促进社会问题的解决;而不是某些社会管理者眼中所谓的"顾全大局"、以官方舆论场消灭民间舆论场,以实现"舆论一律"的效果。同时,在打通两个舆论场的过程中,专业媒体和网络传播者之间关于真相呈现的效率之争也决定着共识达成的效率。就此而言,网络围观与公民记者的实践并不是对我国传统媒体记者既有专业空间的侵蚀,而是专业力量与民间力量之间的合谋机制,为真相呈现拓展了更为广阔的空间,进一步推动了专业理念作为新闻业整合力量的价值实现。这一变化,客观上形成了传统媒体与新媒体间关于真相呈现的效率竞争机制。

因此,作为官方舆论场核心平台的传统媒体亟需重建话语权。这次《指导意见》的出台正是对这一问题的高层"破题",而这也是十八届三中全会以来我国政治动向的延伸。三中全会《决定》正式提出了"推进国家治理体系和治理能力现代化"的政治新理念,第一次用"社会治理"替代"社会管理"。2014年的政府工作报告也提出:"推进社会治理创新。注重运用法治方式,实行多元主体共同治理"。上述一系列官方表述被认为是"中国共产党在社会主义现代化框架下,继工业现代化、农业现代化、国防现代化、科学技术现代化后的第五个'现代化'目标。"①国务院新闻办副主任王国庆之前也曾提出,我国政府和新闻媒体的关系经历了三个阶段:最初是"媒体控制"(Media control),后来叫"媒体管理"(Media management),现在叫"媒体合作"(Media cooperation)"。"控制和管理都是居高临下的,而合作是把新闻媒体当作'客户',是主动向他们提供服务的"②。很显然,在一个提倡"治理"而不是"管理"的政治关系格局中,作为官媒的传统媒体再想回到独享传播话语权的时代已经是不可能的事情了;而且,多元主体共同治理过程中,官方媒体如果不能有效沟通执政党与多元治理主体之间的利益主张,打通官方舆论场与民间舆论场,消除隔阂,达成共识,这将大大降低国家治理的效率,增加社会进步的成本。这才是政府在改革中面临的首要风险。

治理理念下的政府,首先是一个可沟通政府。在此意义上,传统媒体话语权的重建是实现"第五个现代化"的首要任务。所谓传统媒体话语权的建设并不是通过规模化扩张、依靠垄断而获得的单向信息投放能力,其实质应该是双向沟通能力的打造,即传统媒体话语权的建设目标需要从"自我赞美的独白"转型为"理性公平的对话",服务于当前"国家治理体系和治理能力现代化"的总体战略构架。在这样的过程中,《指导意见》提出的"尊重新闻传播规律和新兴媒体发展规律"具有旗帜意义,它将指引传统媒体以"真实、公正、客观、全面"的态度直面时代发展的主要问题与挑战,成为社会话题的沟通者与引导者,而不再是旁观者。这才是《指导意见》中所说的"新型主流媒体"和"现代传播体系"的核心价值所在。退一步讲,如果作为官媒的传统媒体能够实现上述"现代化"转型,其实,形态上是传统的还是新生的,都已经不那么重要了。而且,如果问题仅仅在于传播形态层面,对于传统媒体来说,内容优势

---

① 参见《专家圆桌:"第五个现代化"启程》,人民网,2014年4月1日。
② 宏磊、谭震、杨同贺:《在第一时间抢占舆论制高点——国务院新闻办副主任王国庆谈新闻发言人制度》,《对外大传播》2005年第10期。

已经凸显,未来与新媒体融合发展的压力也会减轻不少。

上述关于政府和媒介的目标关系结构为政府发挥大众传播媒体的公共传播主渠道功能提供了基本的行动坐标。

二、整合营销传播:政府公共传播的渠道优化坐标之一

对政府公共传播整体而言,所谓传播渠道整合,就是政府以整合传播营销理念对系统内传播渠道和系统外传播渠道进行一体化整合,以形成目标一致、价值共享的政府信息生产、流动、交换的渠道体系。传播渠道的整合是融合了政府和非政府的多种传播通道,涵盖人际传播、组织传播、大众传播等多种传播形态,最终使得各类传播方式彼此交叉渗透,取长补短,提高政府公共传播的效果。

上述政府公共传播渠道的使用都是复合性的,一旦渠道之间发生内在冲突,则将大大影响政府公共传播的效果。例如,如果领导人在接受国内外媒体采访的时候突然情绪失控,置媒体大众传播属性而不顾,以情绪化的人际交流方式宣泄自身的观点,这将对政府公信力带来很大考验。近年来,在政务微博出现后,很多公务人员以公职身份认证,却声称"本博言论与任职单位无关";甚至出现过政府官方微博与网友在微博上隔空对骂的事件,政府声誉也因此蒙羞。所以,渠道多样化既会带来更多机会,也会有挑战。各种传播渠道不可割裂使用,这已经成为政府公共传播的基本要求。

基于上述分析,传播渠道整合就是通过要构建一个强化传播渠道组合优势的系统,同时需要避免和减少不同传播渠道的冲突带来的负面影响。例如,人际传播具有很高的沟通双向性,便于受众意见的及时反馈,在说服和沟通情感方面尤其具有优势;大众传播媒介受众辐射面广、影响力大,运用专业的高科技传播手段,在传播信息、制造新闻议程、引导舆论等方面具有优势。将这二者综合运用,就可以让政府信息既带有"人情味"又广泛传播,在保证受众覆盖率的前提下拥有较高的接受度。

我们认为，政府公共传播中传播渠道整合需要注意以下事项。

1. 官方与民间渠道开放合作，实现价值共赢

政府公共传播要充分调动政府及非政府的渠道，利用多种背景的传播渠道，包括政府掌控的大众传播媒介、政府领导人、非政府组织、社会意见领袖群体等。政府力量"整合"出来的渠道更注重传者一端和信息输出的结果，而非政府力量"整合"出来的渠道虽然关注政府以外的利益群体或受众，但权威性不够，不利于信息传达。随着民主化进程的进一步推进，非政府的社会传播渠道对于政府公共传播会变得越来越重要。同时，政府拥有行政权力，可以在法律允许范围内调整传播政策，借助行政力量改变传媒市场结构，最终对渠道的整合或改革产生巨大的影响。目前，政府在处理与渠道关系时的居高临下和不注重维护关系的问题也有了明显改善，包括地方政府在内的各级政府机关都意识到要充分利用媒体，并处理好与各渠道的关系。

近年来，我国的很多 NGO 与政府有关部门在环境保护问题上携手合作，通过印制环保手册，制作环保主题片，发起全民环保运动和策划环保活动等，推广环保理念，对于成功推行政府"可持续发展"战略起到了积极支持作用。而且，在很多问题上，非政府组织甚至走在了政府的前面。例如，"低碳生活方式"就是由非政府组织先发起的，并且借助官方媒体扩大影响，最终得到官方的认同和鼓励。

此外，借道国际上影响力大、具有高公信力的西方媒体实现政府公共传播的目标，这也是渠道整合策略所要考虑的一个重点。例如，国务院总理李克强于 2013 年 9 月 9 日在英国《金融时报》发表文章《中国将给世界传递持续发展的讯息》；同年 11 月 22 日又在英国《每日电讯报》发表题为《中欧将从更加紧密的伙伴关系中广泛获益》的署名文章。这些文章对于促进中欧之间发展起到了非常及时的沟通作用。

2. 加大"软渠道"的作用空间

"软渠道"是对承载软实力的传播渠道的形象化的说法，通常更偏

重潜移默化的影响力和增强自身吸引力而非强制性传播。它一般不借助官方背景,而是利用来自民间的力量,刻意淡化政治背景。这些渠道也更注重发挥人际传播等传播方式的优点。具体而言,"软渠道"包括了政府领导人形象传播、政府公关、意见领袖的国际交流、NGO 的组织传播等等。它通过打动人心、改变印象等方式让受众自愿接受,达到政府传播的目的和效果。

外交上的"第二管道"就是典型的"软渠道",作为有弹性的沟通管道和解决外交冲突的机制,"第二管道"是寻求共识、弥合分歧、拉近距离的纽带或连接点,可以宣泄、缓解因争端导致关系紧张的情绪①。这为传播说服活动顺利进行提供了优良环境和有利氛围。此外,"第一夫人"效应也是典型的国家领导人形象传播的"软渠道"。

3. 善于与新兴媒体渠道融合

在我国,政府机构既是媒体主要的消息来源,又是媒体的管理者。双重角色使政府享有绝对的话语权。但在开放的新媒体平台上,不仅有官媒和政府的存在,非政府组织、学者、商人、明星、公众的声音不断被强化,并分享了政府的传播话语权。从媒体发展格局看,传统媒体的受众规模不断缩小,市场份额逐渐下降,越来越多的人通过新兴媒体获取信息,青年一代更是将互联网作为获取信息的主要途径。从舆论生态变化看,新兴媒体话题设置、影响舆论的能力日渐增强,大量社会热点在网上迅速生成、发酵、扩散,传统媒体的舆论引导能力面临挑战。从意识形态领域看,互联网已经成为舆论斗争的主战场,直接关系我国意识形态安全和政权安全②。

放眼世界,网络日益扩大的影响力和传播效果也已经引起了世界各国政府的重视。各国政府把网络自觉地纳入政府公共传播的主要渠

---

① 刘小燕:《政府对外传播中的软销与硬销》,《国际新闻界》2007 年第 8 期。
② 参见刘奇葆:《加快推动传统媒体和新兴媒体融合发展》,《人民日报》2014 年 4 月 23 日。

道体系之中,从最初的政府网站建设、政府网上信息发布等单向传播方式,发展到了利用网络 BBS、政务微博、政务微信等收集民意,了解民情,双向沟通舆情。新媒体传播渠道在政府公共传播中发挥着难以替代的作用。当传统媒体,包括官方媒体都要到网络上来找新闻选题时,就表明网络制造新闻和言论的能力已经强过了原有的所谓"强势"的传统媒体。因此政府通过网络媒体与传统媒体引导社会议题和舆论,线上与线下传播渠道互动,对于占据舆论"制高点"起到非常关键的作用。这部分内容,我们会在第四章予以专门论述。

三、目标受众定位理念:政府公共传播的渠道优化坐标之二

作为传播学研究的核心内容之一,受众(Audience)是政府公共传播所面对的无名个体与群体;而作为政治学研究的核心内容之一,公众则是决定政府行政成败的关键力量。因此,对受众的把握既是决定政府公共传播成败的关键,也是决定政府行政过程成败的关键。如何把握受众呢?我们认为,对受众获取信息渠道演化情况的把握是决定政府公共传播精准程度的关键,即只有寻找到与目标群体对位性高的渠道组合才能确保实现政府公共传播的预期效果。研究表明,现阶段,我国受众对当前主要的 5 种媒介使用的频率大约为电视＞网络＞杂志＞报纸＞广播;而在 1980 年代初期受众的媒介使用频率分别为广播＞报纸＞电视,到 1980 年代中期则是电视＞广播＞报纸,到 1990 年代的电视＞报纸＞广播,网络的兴起取代了报纸的第二位排名①。在新媒介传播环境下,公众对不同类型媒介的使用结构正在发生不断的改变和重构。经过 30 多年的发展,受众从"大众",即被动的、未分化的受众集合体,逐渐演变成主动选择媒体的理性"用户"。随着互联网和手机普及率的继续提高,更多的受众将由"大众"这一信息被动接受者的角

---

① 参见张志安、沈菲:《中国受众媒介使用的地区差异比较》,《新闻大学》2012 年第 6 期。

色转变为参与社会各项活动、表达个人观点的"公众"[①]。

政府公共传播中的受众指政府机构外部形成的与政府机构有直接或间接利益关系的个人、群体和组织。当前我国政府公共传播所面对的受众群体具有数量庞大、结构复杂、利益多元的特征。政府公共传播的信息会在各个方面影响受众,是外部受众决策和行为的依据;反过来,外部受众通过反馈渠道传达给政府的信息,会促使政府调整政策的方向和细节,有利于塑造良好形象[②]。在现代民主制度环境下,公众的权力正变得日益巨大。作为受众的公众群体会直接影响传播者对信息的选择和加工,以及对传播媒介的使用。所以政府公共传播的有效性在于要把公众置于公共传播过程中作为受众予以充分研究,以确定怎样的传播方式更有效,怎样的渠道才能发挥作用等问题。解决这些问题,政府需要引入目标"受众定位"理念来指导政府公共传播的渠道整合与优化。

"目标受众"这一概念的提出是基于受众差异化对传播效果的影响。因为受众的群体差异,不同的群体具有不同的价值取向、地理位置和渠道接触习惯;要想获得好的传播效果,就需要对受众进行细分,以确定"目标受众"与"非目标受众";进而根据"目标受众"的特征来选择合适的信息组合与渠道组合,提高传播效果。

"目标受众定位"的传播渠道优化战略尤其契合于我国政府公共传播的转型现实。当前,我国政府公共传播立场正从传统的管理型政府转向现代服务型政府,传播行为也从单向信息控制模式转为双向信息互动沟通模式。"目标受众定位战略"强调以受众为出发点设置政府传播活动,而这是双向互动的沟通过程得以实现的基本保障。以此理念指导政府公共传播的渠道结构优化,需要注意以下几个方面的问题。

[①] 参见张志安、沈菲:《新传播形态下的中国受众:总体特征及群体差异(下)》,《现代传播》2014年第4期。

[②] 高菲:《政府传播视野中的新闻发布渠道研究》,河北大学2006年硕士论文。

（1）要根据不同目标受众的渠道接触习惯整合渠道体系。整合传播渠道时首先应该了解目标受众们经常接触和喜爱的传播媒介，选择受众最能接受的渠道，这是传播内容有效送达的首要保障。为了选对传播渠道，白宫的做法是，经常调查美国公众对各种主流媒体的接触率和信任程度，调查项目甚至细致到了观众对新闻主播的喜爱程度和具体评价，其目的在于把握应该选择哪个电视台的哪位新闻主播播出，才能获得较好的传播效果①。在我国还没有具体到如此细致的做法，但至少可以根据不同受众群体的不同信息获取渠道偏好来选择不同传播方式。例如对年轻人群体而言，其信息获取主渠道为互联网，这就应该广泛地使用网络传播渠道推进政府公共传播。而对于边远山区的受众而言，互联网普及率较低，采用传统的电视与广播的方式来传播信息效果会更理想一些。

（2）要根据不同的目标受众信息接收成本承受能力来整合政府公共传播渠道体系。政府需要考量传播对象的信息接受成本，尽可能降低其接受成本，甚至对于部分群体要给予经济补贴，以确保目标受众得以进入政府公共传播活动过程。接收成本不仅包括可见的资金成本，也包括不可见的时间成本、教育成本、理解成本等②。对于那些认为接收成本偏高的受众，要尽可能提供给他们大众式的、通俗而没有限制的渠道；反之，则可以通过有深度、专业化的渠道来传播③。

此外，手机作为政府公共传播面向大众群体尤其是青年群体的渠道，可以考虑强化。据 CNNIC 第 34 次《中国互联网络发展状况统计报告》显示，截至 2014 年 6 月，我国网民规模达 6.32 亿，互联网普及率为 46.9%。网民上网设备中，手机使用率达 83.4%，首次超越传统 PC 整体 80.9% 的使用率而成为网民上网第一通道；同时，网民即时通信

---

① 张宁：《议题传播管理视野中的政府新闻发言》，《广西民族大学学报·哲学社会科学版》2007 年 S2 期。
② 高波：《我国政府传播论》，中央民族大学 2006 年博士学位论文。
③ 高波：《我国政府传播论》，中央民族大学 2006 年博士学位论文。

使用率为89.3%,使用率高居第一位①。基于这样的受众信息获取习惯,手机报、手机短信、政府信息门户网站移动客户端等应成为政府公共传播的首要渠道。

(3) 需要考虑外媒这一特殊渠道在政府公共传播中的独特价值。国际传播视野下来考察政府公共传播的受众,会发现能够对西方发达国家受众产生重大影响的渠道是该国的主流媒体,而非我国主流媒体的国际版或国际频道,这源于国际受众信息接触的主渠道是本国主流媒体,而非我国媒体。按照这一思路,如何通过外媒渠道传递政府公共传播信息应该是我们依据目标受众定位原则所做的选择。然而,关于外媒对华报道价值取向,比较著名的观点却是认为西方媒体主观上存在"妖魔化中国"的意图,对华报道明显以负面报道为主。例如,以《纽约时报》为例,有学者对该报2000-2003年对华报道进行了统计后发现,对中国经济的报道做到了正负面持平,而在政治、人权、外交、社会法律、环境、医疗卫生、灾难等方面的负面新闻远远多于正面新闻②。但是,我们也发现2008年中国"汶川大地震"期间,国外媒体为赈灾救援出了大力,同时报道了很多优秀党员干部感人的事迹,让外国公众从正面认识了中国政府和中国人民③。

针对这一情况,有研究者提出了这样的问题:为什么国外的媒体有时候会帮你,有时候会有意的歪曲呢?④回应这一问题,实际上要回到跨文化交流的根源上来。按我们的理解,中国媒体强调宣传导向,形成"以正面报道为主"的报道取向,并在此基础上形成了"喜鹊型"的媒介传播文化;而西方媒体的社会定位为"社会瞭望者",是"第四种权力",尤其对政府享有批评监督的权力,很多时候扮演了"扒粪者"的角色,形

---

① 参见 CNNIC:《第34次中国互联网络发展状况统计报告》,2014年7月21日。
② 转引自门洪华、周厚虎:《中国国家形象的建构及其传播途径》,《国际观察》2012年第1期。
③ 张昆:《当前中国国家形象建构的误区与问题》,《中州学刊》2013年第7期。
④ 张昆:《当前中国国家形象建构的误区与问题》,《中州学刊》2013年第7期。

成了"乌鸦型"的媒介传播文化。当"正面报道为主"的宣传文化遇到"扒粪者"的新闻文化,如果不能跳出自我的价值取向,移情到异域文化中解读,就很容易出现西方媒体"妖魔化中国"的误读。对于这一源于文化差异导致的误读现象,香港城市大学祝建华教授曾经在复旦大学的报告中这样分析:按照社会科学研究的基本逻辑,如果要断定美国主流媒体"妖魔化中国",一个标准的论证流程应该是同时统计美国主流媒体对于美国、美国盟友以及中国的报道中正面报道与负面报道的比例。如果统计结果显示,美国媒体报道本国与盟友是以正面报道为主,而报道中国则以负面报道为主,则可以初步断定美国媒体存在主观上"妖魔化中国"的取向;反之,则无法支持这一结论。而从我们对于美国媒体与政府的关系来看,恐怕很难得出美国媒体对于涉及本国政府的报道以正面报道为主的结论,著名的"水门事件"就是媒体揭批政府的典型案例。

因此,对待外媒,要超越跨文化交流中的刻板印象,从对方的媒介文化来分析其报道取向,而这一取向恰恰是由该国、该区域的受众信息接受习惯所决定的。诚如张昆教授所言,"我们需要反思我们对待外国传媒人士的态度,不要低估更不要轻视外国新闻从业者的专业精神和职业理想,当然不排除有少数人具有官方的、特别的背景和民族的、政治的偏见。"①

案例三 郑州"@西瓜办"的经验②

"西瓜办"全称是"郑州市西瓜销售服务工作领导小组办公室","@西瓜办"是该机构的官方微博,于 2014 年 5 月 28 日在新浪微博上线。目前其粉丝数已超过 5 万(截至本案例最后修订时间 2014 年 10 月

---

① 张昆:《当前中国国家形象建构的误区与问题》,《中州学刊》2013 年第 7 期。
② 本案例由张梅芳协助整理完成。

23日,其粉丝数为53 014)。在新浪微博与人民网舆情监测室联合发布的《2014年上半年新浪政务微博报告》中,"@西瓜办"获得"党政机构微博影响力飞跃奖",在政务微博学院发布的二季度盘点中,这个账号也被评为"最亲民政务微博"。

但是,"@西瓜办"的开通并不是一帆风顺。2014年5月28日20:33,"@西瓜办"发布第一条微博:"郑州市西瓜办开通官方微博,请大家关注。"卖萌的名字,求关注的微博,一时间"调侃"、"叫好"、"拍砖"的声音皆有之,该条微博前后引来9 000多次转发、4 000多条评论、800多个点赞。其中,调侃、质疑与批评类的内容占了绝大部分的比例。

面对网络上的各种质疑,在沉默了两天之后,"@西瓜办"运用多种组合策略化解了这场"启动危机"。根据我们的观察,5月30日是2014年端午假期前的最后一个工作日,但是直到当天下班时间到了,该官方微博仍然没有发表第二条内容。不过,从晚18:00开始,"@西瓜办"连发三条微博阐述西瓜办的任务和宗旨,称"西瓜办的工作是服务瓜农和服务市民"、"西瓜进城不能乱城"、"以热情化解热点"等,并于当晚及深夜公开与网友展开了持续互动。其中,30日夜晚10点钟的"@西瓜办"还在网友质疑与调侃中回应不会发布长微博,但仅仅过了三个多小时,在31日的凌晨2点多钟就发布了第一条长微博(参见图3-2、3-3),比较详细地介绍了西瓜办的任务、职责、性质等等,并表示"西瓜办很年轻,需要亲们的呵护"、"瓜农需要我们献爱心",呼吁"请您伸出您的手,拉农民兄弟一把,不要讨价还价,买几颗甜掉牙的大西瓜,让老乡早回家!"这种微博沟通技术能力的进化效率表现出了微博工作团队非常强大的学习能力[①];同时,积极沟通的态度也对网络空间信任的获取起到

---

① 补充说明:根据作者事后对郑州市供销总社主任刘五一的采访,当晚"@西瓜办"的实际操作者只有刘五一一个人,并连续与网友互动到第二天早晨6点钟。其中"不会发长微博"回应的真正原因是单位网络发生故障,当时只能使用手机来与网友互动,无法使用长微博功能。这也是刘五一的一个遗憾,但取得了不错的沟通效果。"@西瓜办"开通后前半月的运营基本上都是刘五一自己亲力亲为,半月过后才由两位专职工作人员为主运营维护。

了重要支持作用。

图 3-2 "@西瓜办"坦诚回应不会长微博

图 3-3 "@西瓜办"发布的第一条长微博

同时,为对社会中广泛存在的疑问进行有效回应,"@西瓜办"联络和接受各类媒体采访,回应焦点问题,声明"'西瓜办'的职责是协调和督促相关责任单位为瓜农和市民服务,所有服务都是免费的,'西瓜办'一不收费、二不盖章、三不办证,请大家来监督"。"'西瓜办'是临时机构,每年只在西瓜集中上市期间设立,随后就会解散,一般由市供销社、行政执法局、公安局、商务局等单位临时抽调人员组成,兼职工作,工资均由本单位发放,日常办公经费和瓜棚由市里拨付和监管"。对此,包括新华社、《人民日报》、中央电视台在内等中央级传统媒体都进行了报道,形成了"确保两面胜利"①的有利舆情格局。截至 10 月 23 日,百度搜索"西瓜办"的新闻条数达到了 11 900 条。

5 月 31 日夜晚 9 点多钟,@西瓜办 再次发布了一条微博,显示了操作团队对互联网娱乐精神的精准把握。这条微博是这样写的:"感谢关注我们的朋友们,从昨天下午到今天晚上,你们辛苦了,我荣幸地给你们介绍几个新朋友@白瓜办、@冬瓜办、@哈密瓜办、@黄瓜办、@苦瓜办、@梨瓜办,还有@瓜哥哥。大家一起为农民伯伯服务。西瓜的特点是不熟没人要,熟过了也没人要,善待西瓜,消暑解渴@新浪河南,上头条!"(参见图 3-4)。很显然,这条微博形式上对当下流行的网络语言的运用已经达到了炉火纯青的地步,内容上的自我调侃则表明了官方微博试图消融自身的官方身份与民间舆论场之间的隔阂、尽快融入民间舆论场的积极努力。如果说对长微博技术的运用是官方微博在技术形式层面上的进化,这一条微博的发布则表明该微博团队已经从精神层面把握了互联网沟通的本质所在。

图 3-4 "@西瓜办"的自我调侃内容

---

① 说明:该说法为作者对刘五一采访时候他自己的总结,意指要在新媒体与传统媒体、民间舆论场和官方舆论场两个方面都获得认可。其中 2014 年 6 月 10 日《人民日报》发表了题为《切莫调侃西瓜办》的专题报道,被认为是代表官方舆论场核心平台的认可。

"@河南日报"是新浪微博上作为党报官方微博影响力仅次于@人民日报 的一个信息发布平台。5月31日当晚,该微博没有以一边倒的方式表态支持西瓜办,而是采取平衡的策略,借助经典栏目"今日汉字"表明了对西瓜办开设微博的支持(参见图3-5)。官方媒体这一传播技巧也值得很多媒体学习。

图3-5 "@河南日报"栏目"今日汉字"当天主题"办"

在阐明郑州市西瓜销售服务工作的政策和举措,澄清收费、盖章、办证等不实传言的同时,"@西瓜办"的运作逐步走向正规,逐步开设了"西瓜需求指数"、"西瓜知识"、"西瓜文化"、"每日一瓜"等固定栏目,并以图文并茂的形式呈现,同时对一些寻求帮助的事件进行广泛转发和关注,帮助瓜农销售西瓜。除常规运作之外,"@西瓜办"还不定期发起公益活动,获得网民支持和信赖;同时策划专题"舌尖上的西瓜办"并置顶,方便网民快速了解西瓜办、查询西瓜直销点和建言献策等。

"@西瓜办"的影响力迅速得到了体现。6月9日,南京出现瓜农进城西瓜被扣,少了700斤的消息。网友直接转发"@西瓜办"(参见图3-6)。这表明该微博前期努力终于获得了网民的信任和认可。

图 3-6 网友转发给"@西瓜办"的问题处理

在组织结构方面,该官方微博也很有特点。"@西瓜办"除了有两名专职人员维护外,还有微博一批"大 V"(包括'@刘五一'、'@赵云龙'等。其中刘五一是郑州市供销总社主任,拥有超过 125 万的粉丝数;赵云龙是河南省文明办副主任,也拥有超过 20 万的粉丝数)在指导维护。该微博常常与上述几个"大 V"相互转发支持,充分利用了对方的人脉和资源,帮助进行宣传和推广。这在一定程度上有助于高效率地澄清疑问、提高其知名度和关注度。

"@西瓜办"在启动阶段取得了良好效果,得益于以下一些做法。

(1) 面对质疑,主动阐释其任务和宗旨,获得公众支持;

(2) 找准时机,与网民积极进行双向互动;

(3) 联手传统媒体回应焦点问题,消除误解,扩散影响力;

(4) 专员维护,"大 V"指导,邀请微博知名账号进行关注和转发支持;

(5) 做好服务工作,帮助瓜农销售,发起公益活动,积累公众信任资源;

(6) 常规化微博运作,固定专栏,图文并茂,适度卖萌,突出个性化特征;

(7) 不定期策划专题,增强服务。

第四章

政府新媒体传播：如何跨越"数字鸿沟"

政治沟通是一种古老的政治现象，可以说，自从有了政治，就有了政治沟通。与政治学的其他研究主要围绕权力、权利、利益等不同，政治沟通主要关注信息、对话、理解与共识，并以此推动民主政治的发展①。政治生活在印刷媒体、有声媒体、可视媒体的渐进变化中都留下了痕迹，现代的电子媒体更是在政治生活中扮演着不可忽视的角色②。有研究者认为，政治沟通理论也因媒体传播形态的不同而经历了三个发展阶段，即"三论（信息论、控制论和系统论）"阶段、政治传播阶段和网络政治沟通阶段③。在政治沟通理论发展的前两个阶段中，研究都强调政治沟通是从属于政治系统的活动，政治沟通的目的就在于劝服和控制公众或维持既有政治秩序。网络政治沟通研究则弥补了传统政治沟通研究忽视公共利益的缺陷，强调要扩大公众参与的范围；政治沟通被理解为政治主体与政治客体之间通过一定的渠道或媒介，就公共事务或公共利益进行对话与协商，以增进理解、达成共识的行为或过程。本章亦依此为分析的逻辑起点，来探讨政府新媒体传播存在的问

---

① 魏志荣：《"政治沟通"理论发展的三个阶段——基于中外文献的一个考察》，《深圳大学学报·人文社会科学版》2012年第6期。
② 李元书：《政治传播学的产生和发展》，《政治学研究》2001年第3期。
③ 参见魏志荣：《"政治沟通"理论发展的三个阶段——基于中外文献的一个考察》，《深圳大学学报·人文社会科学版》2012年11月。

题与未来的发展趋势。

传播学者丹尼斯·麦奎尔认为,依据使用、内容和情景不同可以将"新媒体"划分为四个主要类别,即:人际传播媒介、互动操作媒介、信息搜索媒介、集体参与式媒介[①]。其实,就新媒体的演化来说,上述四类新媒介形态并非泾渭分明,而是常常混杂在一起;在今天,新媒体所提供的更多是一种平台式、一站式的服务。新媒体的这种进化路径导致其传播形态具有更为复合的功能,这也在公共传播中赋予了政府和公众更多可能性。其中,互联网的开放性、平等性、匿名性、迅捷性及信息海量性,弥补了传统政治沟通时间长、成本高、互动不足的缺陷,从而使其成为了理想的政治沟通平台[②]。

第一节 跨越"数字鸿沟":政府公共传播新起点

一、新媒体传播:我国政府的实践与演变

如果从1999年我国开始启动政府上网工程开始算起,我国政府公共传播进入新媒体领域至今已经有15年的历史了。我们首先简要回顾一下在这过去的15年中政府新媒体传播的一些主要类型和做法,大致包括:政务微博、政府上网工程、手机短信的政治信息发布、网络新闻发言人、网络问政平台建设等等。

1. 政务微博

2009年,微博正式登上中国政治传播舞台,2010年被称为中国微博元年。以新浪微博为例,截至2014年3月,新浪微博月活跃用户

[①] 丹尼斯·麦奎尔:《麦奎尔大众传播理论(第五版)》,清华大学出版社2010年版,第116页。
[②] 魏志荣:《"政治沟通"理论发展的三个阶段——基于中外文献的一个考察》,《深圳大学学报·人文社会科学版》2012年11月。

1.438亿,日活跃用户6 660万,是中国活跃度最高的社交媒体。新浪微博上有超过8万个各类政府机构和官员的微博账号。联合国、法新社等国际知名机构每天以中英文在新浪微博推送最新动态消息。

2011年被称为中国政务微博元年。这一年我国政务微博的增长率达到了惊人的数字:776%;2012年的增长率也达到了249%。2013年,尽管CNNIC发布的《第33次中国互联网络发展状况统计报告》数据显示当年网民的微博使用率下降了9%。但国家行政学院电子政务研究中心发布《2013年中国政务微博客评估报告》显示,截至2013年年底,我国政务微博客账号数量超过25万个,较上年依然增长46%。其中,党政机构微博客账号183 232个,增长率61.61%;党政干部微博客账号75 505个,增长率19.22%[1]。这标志着我国各级政府与公务人员在如何使用新媒体跨越横亘在政府与公众之间的"数字鸿沟"问题上又向前迈进了关键的一步。我国政务微博的平台分布与年度发展情况详见图4-1。

《2013年中国政务微博评估报告》统计分析[2]显示:从开设政务微博的行业来看,在党政机构微博中占比最高的是公安系统微博(36%),其次是党委(12.7%),交通、铁路系统(11.5%);党政干部微博占比最高的也是公安系统,为37.1%。从行业分布来看公安系统仍占据各行业"领头雁"地位。开设微博的党政机构所在行业分布不平衡、行业差距大的情况仍未得到有效改善。还有部分公共服务需求较大的领域其微博数量和质量都有极大的提升空间。从开设政务微博的地域来看,党政机构中浙江省占比最高,为14.1%;其次是江苏省和广东省占比分别为10.7%和10%;开设微博的党政干部中,浙江省占比也为最高为15.6%,其次是山东省和北京市占比分别为7.2%和6.5%。整体

---

[1] 参见国家行政学院电子政务研究中心:《2013年我国政务微博客评估报告》,2014年4月8日。
[2] 数据参见丁艺、王益民、余坦:《2013年中国政务微博评估报告:发展特点与建议》,《电子政务》2014年第5期。

来看,由于新浪微博、腾讯平台以及人民网舆情频道等的积极推动,政务微博在我国的普及率以及与网民之间沟通的技能正在逐步提高。

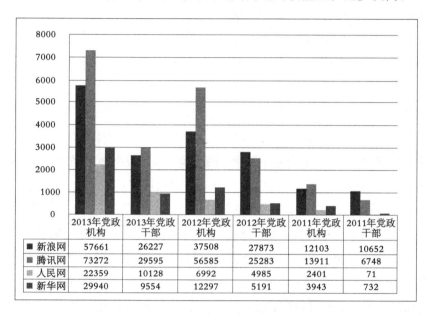

图 4-1　我国政务微博平台分布及年度对比①

在我们的考察视野下,政务微博对于政府公共传播具有特别的价值。从突发危机事件后网络热点信息的分布来看,微博已经成为网络舆情信息聚合的核心平台,同时也是民间舆论场的核心场域。政务微博和之前官方舆论场内的沟通平台截然不同,它是政务机构和政务人员到民间舆论场的核心地带的主动出击,也可以被称为是离开了官方舆论场的"外线作战"。在这里,因为没有官方舆论场的"后方"支持,需要政务微博迅速和公众打成一片,建立起属于自己的"根据地"。我们通常把这称为是党的"群众路线"在新媒体时代的新形态。群众路线强调"从群众来,到群众去",在今天,群众在哪里?他们正聚合在民间舆

---

① 转引自丁艺、王益民、余坦:《2013 年中国政务微博评估报告:发展特点与建议》,《电子政务》2014 年第 5 期。

论场的核心地带——微博空间。所以,政府公共传播中,政务微博被我们认为是政府新媒体传播的最前沿,也是官方舆论场主力主动进入民间舆论场沟通的典范。如果不能了解政务微博的这一历史使命,政务微博开通后,本着"多一事不如少一事"的原则,则基本上无所作为。其实,互联网总是把现实当中存在的问题在网络聚焦、然后放大。

这里还需要注意的一个问题是,按照CNNIC第33次中国互联网络发展情况统计报告的数据,2013年相比2012年,微博的使用率下降了9%。是否意味着微博已经式微,将被微信等新媒体取代呢?我们认为未必如此。这主要基于两点判断。第一,新浪微博已经于2014年4月17日在美国纳斯达克股市上市。尽管适逢纽约股市连跌三周,但当日新浪微博逆市上涨19%,每股价格为20.24美元,总市值达41亿美元[①]。很难想象,美国股市会对一个业绩下滑、日趋边缘化的新媒体平台开放并追捧。第二,据我们对近期主要危机事件的网络传播情况观察来看,微博使用率的下降是因为微博对用户时间的占有已经从之前的"全天候占有"转变为"事件驱动型使用",即一旦有大事件,微博的社会动员与大众传播两大功能优势立刻显现,重新成为聚合网络信息和用户的第一平台。相对而言,和基于微博动员功能而形成的"城市广场的行动聚合"相比,微信所依托的群体传播形态更有些类似"私家客厅的喧哗";而且,和微博传播"脱域化"特征相比,微信基于社交圈的区域化特点,传播空间更多局限于本地群体,很难对外地群体产生快速的动员和影响。基于上述分析,我们认为,从舆情沟通层面来看,政务微博仍然是我国网络舆情信息核心集散地,而且将在未来很长一段时间内对我国政府公共传播活动产生巨大影响。而微信因为本地化与私密性的特征,更适合服务型的政务微信发挥作用,成为政府网站服务功能的一个很好的补充。

---

① 参见《新浪微博美国上市首日上涨19%,市值41亿美元》,网易科技2014年4月18日。

2. 政府上网工程

我国政府新媒体传播的起点可以追溯到开始于1999年。当年1月22日,由中国电信和国家经贸委经济信息中心主办、联合四十多家部委(办、局)信息主管部门共同倡议发起的"政府上网工程启动大会"在北京举行,从而揭开了1999年"政府上网年"的第一幕。"政府上网工程"是政府对新媒体传播最初形态的利用,自然也呈现为当时互联网web1.0时代的典型网站架构,主要突出和强调信息服务的丰富性,旨在"推动各级政府部门为社会服务的公众信息资源汇集和应用系统上网,实现信息资源共享"①。政府网站在传播信息中具有明显优势,其迅速性、便捷性和交互性都使政府网络在传播公共政策的过程中发挥着不可替代的作用,成为早期政府新媒体传播的主阵地。2006年1月1日中央人民政府门户网站的正式开通,标志着我国政务网站层级体系的架构已经基本形成。

我国政府上网最初内容规划主要包括四个方面②:一是政府职能上网,就是将政府本身和政府各部门的职责、组织机构、办事程序、规章制度等在网上发布;二是信息上网,就是在网上公布政府部门的资料、档案、数据库等;三是日常活动上网,就是在网上公开政府部门的各项活动,把网络作为政务公开的一个渠道;四是网上办公,就是建立一个文件资料电子化中心,将各种证明和文件电子化,提高办事效率。经过多年的发展,目前政府网站的内容已经比较丰富,几乎涵盖了政府信息发布和信息服务的各个方面(详见图4-2)。

---

① 参见《政府上网工程全面启动》,《邮电商情》1999年第3、4期。
② 参见《政府上网工程进展显著》,《中国数据通讯工程》1999年第8期。

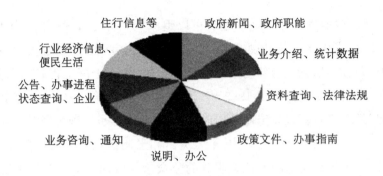

图 4-2　我国政府网站主要内容分类①

3. 基于手机的政务信发布通平台

保罗·莱文森提出的"补偿性媒体"理论认为,任何一种后续媒体,都是一种补救措施,都是对过去某种媒体或某种先天不足功能的补偿②。手机的出现,特别是智能手机的出现,是补偿性媒体的典型,成为互联网与移动终端的结合体。据 CNNIC 第 34 次《中国互联网络发展状况统计报告》显示,截至 2014 年 6 月,我国网民规模达 6.32 亿,互联网普及率为 46.9%。其中,网民上网设备中,手机使用率达 83.4%,首次超越传统 PC 整体 80.9% 的使用率,手机作为第一大上网终端的地位更加巩固;同时,网民即时通信使用率为 89.3%,使用率高居第一位③。因此,借助手机这一新媒体渠道,政府可以有效提高与公众沟通的效率。而这样的尝试其实在手机普及的早期就已经开始尝试了。例如,2003 年,手机短信伴随着的"非典"正式登上中国政治传播的核心舞台。2007 年,厦门"海沧 PX 项目"事件也是源于手机短信的动员功能。而在 2010 年 1 月 5 日,全国基层党建工作手机信息系统正式开

---

① 转引自张付:《我国公共政策传播渠道分析》,《中国流通经济》2013 年第 11 期。
② 转引自胡春阳:《如何理解手机传播的多重二元冲突?》,《同济大学学报·社会科学版》2011 年 10 月。
③ 参见 CNNIC:《第 34 次中国互联网络发展状况统计报告》,2014 年 7 月 21 日。

通,全国100万基层党组织书记和大学生村官收到了一条来自时任国家副主席的习近平发来的问候短信①。

保罗·莱文森认为,"人类有两种基本的交流方式:说话和走路。自人类诞生之日起,这两个功能就开始分割,直到手机横空出世,将这两种相对的功能整合起来,集于一身"②。但是,从目前我国手机平台的政府传播情况来看,重点仅仅是具有强制接受性的短信告知,而基于移动网络的政务微信与政府网站的手机客户端等产品发展相对滞后。我们认为,在互联网大行其道的传播格局中,以用户为中心来强化互动与服务,而不仅仅是强制接收,才是手机平台政府传播的未来发展趋势。例如,上海市路政局推出"高速公路实时路况"手机客户端服务,通过这一客户端可以实时查询进出上海的高速公路的拥堵情况。在2014年"十一"小长假期间,该客户端下载量很大,获得了很多赞誉。

4. 网络新闻发言人

利用网络平台,与网民群体就当前热点问题与突发事件及时互动也是政府新媒体传播的新趋势。网络新闻发言人的缘起与发展,是政治民主化进程中网络舆论表达与政府社会治理的现实要求③。网络新闻发言人制度是通过网上发布新闻、与网民在线交流等方式,对网友在网络互动平台反映的诉求、质疑和建议进行收集、整理、办理、回复和公开说明的一项网络问政制度,是对新闻发言人制度的拓展和补充④。网络新闻发言人是官方舆论场与民间舆论场及时沟通与融合的纽带,同时也是官方舆论场主动贴近民间舆论场的积极努力。

2009年,我国多个地方政府启动了网络新闻发言人制度。当年9

---

① 参见《社区书记、大学生"村官"收到习近平发来的问候短信》,浙江在线2010年1月6日。

② 保罗·莱文森:《手机——挡不住的呼唤》,中国人民大学出版社2004年版,第4—5页。

③ 侯迎忠:《网络新闻发言人刍议》,《现代传播》2010年第5期。

④ 参见张宏亮:《论政府网络发言人制度的建立与完善》,《领导科学》2010年第8期。

月 1 日,贵阳市政府在政府门户网站设置网络舆论监督回复专栏,由网络新闻发言人代表贵阳市政府对外发布网络新闻和政务信息,并就网络媒体和公众关心的相关问题,采取发帖、跟帖的形式进行回复,旨在通过网络及时、主动、准确地发布权威信息。10 月 12 日,广东 15 个省直单位全部设立"网络发言人",并公布了"网络发言人"的联系方式,其中 7 个单位还建立了 QQ 群。11 月 19 日,南京市政府开通政府网站的全新板块"南京网络发言人论坛",对网友的问题进行回复;12 月上旬,南京市推出包括 42 个政府工作部门、16 个市政府直属单位、9 个重要部门、13 个区县在内的 90 个部门的网络发言人。自此,广东、贵州、云南、江苏等省市已初步形成网络问政、网络新闻发言人、微博等形式并存的网上政府新闻发布、信息沟通与民意疏导的新格局[①]。

  网络新闻发言人的设立,表明了一种全新态度:虚拟的网络和匿名的网民,代表的是现实的公共社会,正视和回应网络民意,是主动引入公共监督、确保权力在阳光下运行的制度性进步[②]。而在我们看来,网络新闻发言人是一种打通两个舆论场的积极举措,即把官方新闻发布会会场直接搬到了互联网这一民间舆论场的核心舞台上去,以方便公众对所关心的问题提问。当然,网络新闻发言人还有一个考虑,就是在民间舆论场的核心舞台,形成以政府为主导的网上议程设置,最终获得网络传播的话语主导权。正是基于此,我们也看到,此后出现的政务微博有很大一部分功能是网络新闻发言人的延伸和放大。

  5. 网络问政平台

  网络问政平台是近年来政府为加强与公众互动而设立的一个传播平台,针对公众关心的问题进行回应。尽管目前的回应被诟病存在"选

---

① 侯迎忠:《网络新闻发言人刍议》,《现代传播》2010 年第 5 期。
② 杨玉梅:《设网络新闻发言人体现权力善治》,《江南时报》2009 年 9 月 16 日。

择性回应"而不是强制全面回应的问题①,但是这一平台作为政府主动向公众开放的沟通窗口,也为公众问题的解决提供了一种新的可能。网络问政,一方面包括政府"问政于民",解决实际问题、接受群众监督、汇聚民智;另一方面包括网民"问事于政府",反映问题、表达各类诉求和意见、提供民间智慧②。

在实践中,我国网络问政平台模式主要有以下四类③:①附属功能模式。主要依托政府网站开辟出专门区域,如以各种领导信箱和热线等形式开展网络问政,其互动过程不公开。②留言板模式。依托媒体在其网站开辟专栏开展问政,互动模式为网民留言提问或者建言献策,相关部门和领导按周期进行阶段性回复。③官员触网模式。部分党政领导人以论坛、博客、微博或通过在线访谈等形式作为平台开展网络问政,其互动具有即时性特征。④专有平台模式。政府统一建立和管理包括网站、微博和微信在内的各种专有网络问政平台体系,通过设立网络发言人实现与网民互动,此种模式下互动方式最为丰富。总体而言,从当前我国各地网络问政平台建设实践来看,探索建设集信息发布、在线服务、意见征集、信访受理、公众参与和统计监督等内容为一体的综合性管理、服务和交流互动平台,成为各地网络问政平台建设和发展的主要趋势④。相关研究表明,"网络问政"的成功的关键在于要形成"问"与"答"的良性互动⑤。在我们看来,这种通过一问一答来实现的沟通方式的最大问题在于缺乏基本的监管机制,即如何把政府部门对公众关心的问题的回应情况纳入到行政的考核体系中,而不能把回应

---

① 参见张华、仝志辉、刘俊卿:《"选择性回应":网络条件下的政策参与——基于留言版型网络问政的个案研究》,《公共行政评论》2013年第3期。
② 王海婷、罗秋近:《网络问政为公众寻求公开答案》,《网络传播》2011年第7期。
③ 参见廖为建、杨涵:《网络问政平台的现实困境和发展路径》,《国际公关》2012年第5期。
④ 刘文萃:《地方政府网络问政平台建设的现实困境及路径选择——基于服务型政府视角的审视与分析》,《桂海论丛》2014年第3期。
⑤ 参见何正玲、刘彤:《网络政治参与:当代中国政治发展的机遇与挑战》,《天津行政学院学报》2012年第2期。

问题的权限直接给予具体部门,但对后续问题的解决情况却很少过问。这样的运行机制最终会使"网络问政"陷入走过场、摆样子的"政绩工程"套路中去,而对于实质问题的解决与回应反而被遮蔽。

二、当前国外政府新媒体传播的实践考察

从国际范围内来看,政府公共传播过程中强化对新媒体的使用也是一个新趋势。研究者认为,从政治传播使用的信息技术手段角度来看,如果把1930年代的富兰克林·罗斯福称为"广播总统",1960年代的约翰·肯尼迪称为"电视总统",那么,巴拉克·奥巴马不仅应该被称为"网络总统",还应该被称之为"新媒体总统"[①]。因为奥巴马所使用的政治传播技术手段除了互联网,还包括手机、IT技术等新媒体形式。

以竞选为例,奥巴马的新媒体传播策略主要包括这样几类[②]:①建立奥巴马竞选网站(www.barackobama.com)。②利用WEB2.0技术展现奥巴马风采,吸引选民:奥巴马在facebook,myspace,youtube等影响广泛的在线社交网络创建了个人资料页,以方便与选民深入交流互动。③重视搜索引擎的使用,重金购买"关键字广告":选民在著名搜索引擎Google中输入奥巴马的英文名字Barack Obama,搜索结果的页面右侧就会出现奥巴马的视频宣传广告以及对竞争对手麦凯恩政策立场的批评。此外,奥巴马购买的"关键字"还包括"油价"、"伊拉克战争"和"金融危机"等,轻轻点击就可知晓奥巴马对这些问题的立场观点。④通过竞选网站的移动平台与选民达成协议,给选民发送手机短信。如果选民同意,他就能定期收到奥巴马及其竞选团队的特定短信,内容主要涉及政治热点问题和选民关心的议题,比如伊拉克战争、健

---

① 参见任孟山:《"新媒体总统"奥巴马的政治传播学分析》,《国际新闻界》2008年第12期。

② 参见任孟山:《"新媒体总统"奥巴马的政治传播学分析》,《国际新闻界》2008年第12期。

康、教育、就业、改革等。⑤在竞选网站注册后,只要选民同意,他们也可以定期收到电子邮件,内容涉及竞选进展情况、奥巴马的竞选细节、竞选纲领、形象广告等。

而作为美国总统,奥巴马对新媒体传播也十分重视。对手机、网络等新媒体的成功运用帮助奥巴马成为美国首位黑人总统。就任后的奥巴马政府沿用并拓展了这一成功经验,着力推行"E外交",打造了一个以白宫本网为中心、各大社交网站为功能延伸的政府信息传播及互动平台,在政府与公众间建立起一条开放、互动、即时的资讯传播链条。白宫网站主要负责发布总统日程安排、近期签署的法案、热点回应等事宜,其信息成为白宫在社交网站发布链接的信息源头。"白宫博客"每天以非正式的形式发布政府重点事件、政策解读等。在与网民的即时互动方面,白宫已分别入住 Twitter、Facebook、Myspace、Youtube 等八个当前最活跃的社交网站①,吸引了包括年轻网民在内的广大公众。各社交网站与白宫本网的连接,形成了一条主要由本网提供权威完整内容、社交网站吸引关注和反馈的信息传播互动链。例如,白宫于 2009 年 5 月入驻 Twitter,同年 12 月拥有"追随者"超过 150 万,并获得 9 000 多个不同群组的关注②。而奥巴马本人的推特账户在 2013 年 12 月底已经拥有超过 4 000 万名粉丝,粉丝量排名全球第四③。

加拿大政府的互联网服务在发达国家中一直处于领先地位,其主要特色是"首席信息官"的设立与职能拓展④。自加政府 1993 年设立首席信息官以来,这个职位作用也逐渐发生演变。早期的首席信息官

---

① 翟峥:《美国总统政治传播体系的打造及其演变》,《郑州大学学报·哲学社会科学版》2014 年 3 月。
② 参见齐慧杰、刘艳丹、李平、孙晓礼:《国外政府网站互动新媒体应用研究及建议》,《信息化建设》2010 年第 9 期。
③ 翟峥:《美国总统政治传播体系的打造及其演变》,《郑州大学学报·哲学社会科学版》2014 年 3 月。
④ 参见齐慧杰、刘艳丹、李平、孙晓礼:《国外政府网站互动新媒体应用研究及建议》,《信息化建设》2010 年第 9 期。

主要负责信息技术架构、协同工作和建立相关的内部政策。如今首席信息官更多地在国际上引领未来利用信息和通信技术的发展方向,确保政府在制度与技术安排上早做准备,以更好地为加拿大公众提供服务。

从上述西方政府新媒体传播的实践来看,一方面,电子政务是政府新媒体服务的基本平台,以方便快捷地实现服务为主旨;另一方面,政府网站强调了信息发布和交流互动两个层面的传播服务的提供。上述两个层面协调了"做事"与"对话"的关系,对于树立政府可信赖、可沟通的形象大有裨益。

三、官方舆论场:面对信息传播权力关系的重构

1983年,托夫勒预言,"信息是和权力并进而和政治息息相关,随着我们进入信息政治的时代,这种关系会越来越深"①,并提醒人们关注与信息有关的种种政治问题。詹姆斯·卡伦也指出,"新媒体会导致新的权力中心的出现,从而在现存的主导型维权结构内部引发日趋激化的紧张状态;另一方面,新媒体有时候会绕开已经建立起来的媒体传输机构,发布遭到禁止或限制的信息,通过这种方式来破坏控制社会知识的等级制度"②。李良荣教授则把当前互联网主导的变革称为是一场"新传播革命",并将其特征界定为"去中心化—再中心化"的同步演化过程③。其中,"去中心化",是指在互联网的作用下,既有权力中心不断被分化进而逐步失去作为"权力中心"的话语权与影响力的过程。互联网技术本质上是以个人为中心的传播技术,具有天然的反中心取向。新传播革命,本质上是"传播资源的泛社会化和传播权力的全民

---

① 阿尔温·托夫勒:《预测与前提》《托夫勒著作选》,辽宁科学技术出版社1984年版,第9页。
② 詹姆斯·卡伦著:《媒体与权力》,清华大学出版社2006年版,第74页。
③ 参见李良荣、郑雯:《论新传播革命——"新传播革命"研究之二》,《现代传播》2012年第4期。

化,通过解构国家对传播权力的垄断,使传播力量由国家转移到社会,从而削弱了国家在信息、技术和意识形态上的主导地位"[1]。"再中心化",是指传播权力重新配置过程中新兴力量逐步成为新的"权力中心"的过程。随着信息发布门槛的持续降低,网络空间的信息供给量迅速超过了单一个体独立自主处理信息的能力。在互联网世界里,公民会通过"意见领袖"筛选信息、研判事实。在这一过程中,能够获得足够信任的新行为体,将成为新的"权力中心",个体会"授权"这些中心,"以信任和采用这些中心提供的解释框架代替个体独立思考为表征,代理个体处理庞大的信息"[2]。在这一过程中,国家与公众关于网络传播话语主导权的获取取决于哪一个群体更善于利用新媒体设置议程、引领社会舆论。和政府新媒体传播的沟通技巧和传播能力相比,网民对这一新传播工具的使用似乎更加得心应手。例如,有研究者总结发现,互联网的普及为网民网络政治参与提供了"九种方式"[3]:即时通讯可改善网民的"弱关系的强度";电子邮件使网民的政治参与更为方便高效;论坛/BBS 方便网民更好地表达意见,形成公共讨论空间;网络签名可促成广泛的社会动员及网络抗争;博客/个人空间作为个人建立网络空间的简易平台,是私人日记和公共发表相结合的场所;社交网站扩展了网民的人际关系网络,增加其社会资本;微博的去中心化具有动员和组织的作用;搜索引擎通过披露信息起到舆论监督作用;建立网站则能发布新闻,承担网上的非政府组织功能。而这其中还不包括近年来刚刚兴起的"微信"平台的运用。

基于网络传播草根性的特征,互联网近年来成为民间舆论场的核心舞台,民间舆论场正形成能够与传统媒体主导的官方舆论场共同作

---

[1] 参见李良荣、郑雯:《论新传播革命——"新传播革命"研究之二》,《现代传播》2012年第4期。
[2] 参见李良荣、郑雯:《论新传播革命——"新传播革命"研究之二》,《现代传播》2012年第4期。
[3] 曾凡斌:《论网络政治参与的九种方式》,《中州学刊》2013年第3期。

用于社会发展进程的影响力。然而,在互联网世界中,"现实生活中的各种利益摩擦,官民之间的隔阂,都投射到互联网舆论场上,并且经常是极度夸张的呈现、火上浇油般的聚焦、浮想联翩的发酵。互联网是当代中国人的网络家园,在网上守望相助,疑义相与析;但也经常渲染现实瑕疵,扩大社会分歧,特别是加剧官民对峙"①。民间舆论场与官方舆论场的冲突,一方面导致了民间对于政府的信任度下降;另一方面,网络空间也普遍弥散着质疑与批判的声音。2010 年,美国尼尔森公司发布的一份关于亚太各国网民用户习惯的报告中称,在整个亚太地区,只有中国网民发表负面评论的意愿超过了正面评论。约有 62% 的中国网民表示,他们更愿意分享负面评论。而全球网民的这一比例则为 41%。因此有专家称,中国不少网民患上了"坏消息综合症"②。在此次"尼尔森调查"之后,《中国青年报》社会调查中心通过"题客调查网"进行了针对性再调查(共有 11 928 人参与调查)。其中对于尼尔森的结论"中国网民最喜欢在网络上发表和分享负面信息"的看法调查结果为:41.3% 的中国网民明确"认同";41.9% 的网友认为批评性言论更有价值;35.6% 的网友认为负面评论多表明中国网民维权意识增强;此外,33.6% 的网友表示发表过批评意见;64.3% 的人认为原因是"网络适合发泄情绪";59.5% 的人表示是"网络之外的现实渠道不通畅";45.5% 的人觉得,网上很多评论不客观,是冲动言论;37.8% 的人指出,大量不真实的评论会给社会造成不良后果③。虽然上述调查只是将网民发表"负面评论"的习惯局限在商业消费领域,但是,我们也能从中看到网民正变得越来越挑剔,越来越有维权意识和批判精神。

在这样的网络信息传播格局下,如何发挥互联网的正能量,规训其中的负面力量,以促进社会共识的达成? 我们认为,这需要民间舆论场

---

① 祝华新:《凝心聚力:互联网舆论场治理再观察》,人民网 2014 年 7 月 24 日。
② 参见《中国人患上了"坏消息综合症"》,《世界博览》2012 年第 9 期。
③ 参见《中国公众偏爱坏消息:爱之深、恨之切》,《中国青年报》2010 年 8 月 4 日。

与官方舆论场的合作。例如,从 2011 年起,以《人民日报》为代表的官方舆论场的核心力量就开始倡导把"打通两个舆论场"作为新时期舆论沟通的核心目标,强调两个舆论场的沟通、交流,以消除误解、达成共识,推动社会和谐发展。这一主张突出了两个舆论场之间的统一关系,而非之前因强调"舆论一律"、"信息管制"所导致的两个舆论场之间的紧张对立关系。这也表明,在信息传播权力重构的过程中,选择合作关系而非对立关系,是政府新媒体传播获得话语权、提高社会治理水平和效率的必然选择。

四、跨越数字鸿沟:政府公共传播的新起点

"互联网是政府公共治理的最大看台";而且,"今天的网络舆论场,是体制内外的结合部,如何对汪洋恣肆的体制外力量进行有效的引领和吸纳,扩大和巩固体制的民意基础,扶正抑偏、震暴祛邪,增强体制的权威和张力,是舆论场治理也是社会治理的新挑战"[①]。互联网时代,社会权力结构的重构,权力中心的博弈,使得政府公共传播必须选择新的传播模式,构建新的传播能力,以接受新的挑战。我们这里引入"数字鸿沟"这一概念,以警惕这一阶段政府公共传播面临的风险。

"数字鸿沟"是信息技术发展中的普遍现象,最早是 1999 年由美国国家远程通信和信息管理局(NTIA)在名为《在网络中落伍:定义数字鸿沟》的报告中给予定义:"数字鸿沟"(Digital Divide)指的是一个在那些拥有信息时代的工具的人以及那些未曾拥有者之间存在的鸿沟。联合国将"数字鸿沟"定义为:由信息和通信技术在全球的发展和应用造成或拉大的国际之间以及国家内部群体之间的差距[②]。《辞海》则将"数字鸿沟"定义为"信息的掌握、拥有、控制和使用能力上的差别。既

---

① 参见祝华新:《凝心聚力:互联网舆论场治理再观察》,人民网 2014 年 7 月 24 日。
② 转引自郑兴刚:《从"数字鸿沟"看网络政治参与的非平等性》,《理论导刊》2013 年第 10 期。

存在于信息技术的领域,也存在于应用领域;既存在于不同国家、地区之间,也存在于同一社会不同群体之间"①。谢新洲则将"数字鸿沟"定义为"在全球数字化进程中,不同国家、地区、行业、企业和人群之间由于对信息和网络技术应用程度的不同以及创新能力的差别造成的信息落差、知识分离和贫富分化问题"②。郑兴刚则把"数字鸿沟"定义为"基于网络接入及掌握、运用网络信息技术的差别而产生的,横亘于不同国家、地区、群体以及个人之间的信息差距"③。

  由上述关于"数字鸿沟"的论述,我们可以得出一个基本的结论:数字鸿沟源于不同群体因为数字传播技术的接触、使用水平的差异而带来的在社会权力分享与发展机会获取等方面的差异性后果。以此概念来分析政府与公众基于互联网等新媒体的使用带来的社会资源的动员、支配等诸多能力的差异,我们会发现,横亘在政府与公众之间的这一"数字鸿沟"正日益被放大:公众使用互联网维权和分享社会权力的机会越来越多,网络力量以民间舆论场的形态发展日益壮大。而反观政府方面,伴随着传播权力的去中心化,政府通过控制大众传播媒介来管理舆论的效果越来越差,政府独享的社会议程设置权力正在被分享;随之而来的是官方舆论场与民间舆论场的摩擦不断加剧,社会运行成本不断高涨。如果政府无法掌握新媒体传播的基本技巧、遵循新媒体传播的基本规范,将会在一场又一场的网络舆论攻防战中处于劣势,最终丧失话语权和主导权。基于此,我们认为,跨越"数字鸿沟",将是新媒体时代政府公共传播的新起点。

---

① 参见《辞海》(缩印本),上海辞书出版社 2010 年版,第 1746 页。
② 谢新洲:《网络传播理论与实践》,北京大学出版社 2004 年版,第 52 页。
③ 郑兴刚:《从'数字鸿沟'看网络政治参与的非平等性》,《理论导刊》2013 年第 10 期。

第二节　当前新媒体传播：现状与特征

加拿大学者麦克卢汉曾经提出"媒介即信息",强调了媒介技术在信息传播方面的重要作用。信息技术的每次创新,都会带来信息传播的革命,带给人类的政治、经济、文化和社会巨大变革,推动人类文明不断向更高层次前进。在一定意义上,人类的信息传播史就是信息技术的进化史。印刷术、无线电技术、电视技术、计算机网络技术造成了报刊、广播、电视和网络四大媒体。而无线通信技术和计算机技术、信息网络技术的结合直接催生了手机媒体的诞生,手机媒体已经成为名副其实"第五媒体"。在新媒体环境下,政府公共传播需要创新,以应对时刻变化的环境。而要利用新媒体进行政府公共传播,首先应该从认识新媒体说起。

一、何为新媒体

新媒体是与传统媒体相对应的。这里需要对新媒体这一概念进行简要的梳理。熊澄宇教授认为,新媒体是个相对的概念,新是相对于旧而言的。今天的新媒体主要指：在计算机信息处理技术的基础上产生和影响的媒体形态,包括在线的网络媒体和离线的其他数字媒体形式[1]。景东和苏保华提出的新媒体定义则认为：新媒体是所有人向大众实时交互地传递个性化数字复合信息的传播介质[2]。邵庆海在分析了新媒体的基本特征后认为新媒体是指基于数字技术产生的、具有高度互动性非线性传播特质、能够传输多元复合信息的大众传播介质[3]。匡文波认为,新媒体严谨的表述应该是"数字化互动式新媒体"[4]。它

---

[1] 转引自邵庆海：《新媒体定义剖析》，《中国广播》2011年第3期。
[2] 景东、苏宝华：《新媒体定义新论》，《新闻界》2008年第6期。
[3] 邵庆海：《新媒体定义剖析》，《中国广播》2011年第3期。
[4] 匡文波：《"新媒体"概念辨析》，《国际新闻界》2008年第6期。

包括网络媒体、手机媒体、数字电视等。新媒体亦是一个宽泛的概念，是利用数字技术、网络技术，通过互联网、宽带局域网、无线通讯网、卫星等渠道，以及电脑、手机、数字电视机等终端，向用户提供信息和娱乐服务的传播形态。按照这一说法，只要是基于数字化技术基础上的所有人面对所有人的传播，都可以界定为新媒体。在匡文波看来，新媒体可以分为两类：其一是互联网。博客、微博、微信、电子图书和MSN、QQ等即时通讯工具，这些功能都可以实现所有人对所有人的传播。其二是手机。手机能够保证信息传送的可靠性与保密性，其短信息的互动性极强，与互联网一样，它属于点对点甚至点对面的传播形式[1]。

国外对新媒体也有相关论述。例如，美国《连线》杂志对新媒体的定义是：所有人对所有人的传播，即新媒体就是能对大众同时提供个性化的内容的媒体，是传播者和接受者融会成对等的交流者、而无数的交流者相互间可以同时进行个性化交流的媒体[2]。2001年，美国网络新闻学创始人丹尼·吉尔莫（Dan Gillmor）则通过"新闻媒体3.0"的概念给出了自己对于新媒体的观点。他认为，1.0是指报纸、杂志、电视和广播等传统媒体，或称其为旧媒体；2.0就是人们通常所说的以网络为基础的新媒体或称跨媒体，但新闻传播方式并没有实质性的改变，仍然是集中控制式的传播模式；3.0就是以博客为趋势的wemedia，即自媒体或共用媒体[3]。

结合各方观点，我们尝试给新媒体做出如下定义：从广义上来说，新媒体是相对于传统媒体来说的一个概念，任何一种建立在革新技术基础上的、对社会产生巨大影响的媒体类型都是新媒体。例如，广播相对平面媒体是新媒体，电视相对广播是新媒体，网络媒体相对电视是新媒体。从狭义上说，我们现在所说的新媒体，通常是指建立在电脑资讯

---

[1] 参见匡文波：《手机媒体概论》，中国人民大学出版社2006年版，第5页。
[2] 转引自匡文波：《手机媒体概论》，中国人民大学出版社2006年版，第5页。
[3] Gillmor, Dan. *Journalism* 3.0. Silicon Valley.com, eJournal(2001/09/28).

处理技术和通讯技术基础上的、以数字技术为代表的多种媒体形态,包括互联网、数字电视、手机电视、手机、车载电视、短信、彩信、手机报和楼宇视频等多种形式;其特征为数字化和互动。

二、新媒体传播的形态类别

目前,互联网已经使传播形态进入了一个全新的时代。像博客、播客、搜索引擎、电子邮箱、移动多媒体、微博以及微信等,都是新媒体的"家庭成员"。而手机作为新的网络接入平台,已经于2014年正式超过台式机,成为网民上网的第一通道。基于手机通讯服务基础上的手机短信、彩信、手机报和手机电视也都成为了新媒体家庭的新成员。手机媒体作为"第五媒体"已经得到业界的公认。根据上述匡文波的分类标准,本章所指的新媒体主要指"网络媒体"和"手机媒体"及其建立在二者之上的其他媒体,即第四媒体与第五媒体。

1. 互联网类新媒体

(1)新闻门户网站。新闻门户网站以网络平台形式集纳新闻信息,分门别类,体现海量优势。例如新浪是典型的商业新闻门户网站,人民网、新华网则是官方信息门户网站,东方网、千龙网、杭州网等则是地方新闻信息门户网站。这一新媒体形态是web1.0时期的主要代表,强调的是单向的信息传播功能,本质上是传统媒体信息传播模式在互联网空间的延伸和放大。新闻门户网站具有信息海量、反应快捷等特征,影响力比较大。

(2)博客和播客。博客(Blog)一词源于"webLog(网络日志)"的缩写,是一种十分简易的个人信息发布方式。它通过个人网页的创建来发布和更新信息。而播客就是用户可以将自己制作的"视音频节目"上传到网上与广大网友分享。博客和播客实现了多重的传播效果,是人际传播和大众传播的综合体。它突破了传统的网络传播,开创了以个体为中心的网络传播新格局,实现了个人性和公共性的结合。它的即时性、自主性、开放性和互动性特征改变了网际传播的权力关系,因此被称为是"自媒体"的早期典范,也因此开启了web2.0时代网络传播新形态。

(3)微博。微博指基于有线或者无线的网络通信技术,允许用户将个人表达以简短文本或图片、音视频等的形式发送给手机、PC终端的其他用户,进行在线传播的新媒体应用形式。微博是近年兴起的一种新型社会关系类网络平台。最初是2006创建于美国的网站Twitter,它综合利用移动通讯网络和有线互联网络,让用户发布短小文本或者图片。经过两年多发展,到2008年时Twitter出现爆发式增长。紧跟着Twitter的发展,中国国内也出现了具有中国特色的微博。早期的如饭否等。目前主要的微博平台包括新浪微博、腾讯微博、新华网微博与人民网微博等。微博客网站赋予普通用户强大网络影响力,以新浪微博为例,每一条微博可以发布140字,同时可以发布图片和音视频。微博的影响力是通过使用者之间的转发和评论来实现的。微博具有明显的媒体属性,具有强大的大众传播和社会动员能力。这一平台已经成为当前我国舆情信息传播与聚合的核心平台。目前,在上述四大微博平台已经聚合了超过25万个政务微博(截至2013年年底)。

(4)社交媒体。社交媒体是以人际关系作为基本纽带而形成的互联网互动应用平台,给用户提供了自我展示、各种跨界交流的机会①。世界上使用最广泛的社交媒体是Facebook,它于2004年2月上线,目前每月活跃用户量大约为7.5亿。国内著名的社交网站包括人人网、开心网、朋友网等,学生群体和白领阶层是社交网站的主要用户群。从信息传播的角度而言,社交网站的出现和发展大大增强了现实人际关系网络的互动效率,人际传播的优势通过社交网站中的"分享"和"转发"体现得淋漓尽致。社交媒体基于关系网络的传播路径进一步消解了传统媒体对信息传播话语权的垄断和支配。但随着微博与微信的兴

---

① 参见徐煜、金兼斌:《社会化媒体的发展及其社会影响》,《传媒》2013年第6期。

起,社交网站的使用率开始出现明显的下降。2013年年底的CNNIC调查数据显示,当年社交媒体向微博转移了20.3%的用户,向微信转移了32.6%的用户[①];而据CNNIC 2014年7月发布数据显示,截至2014年6月,我国社交网站使用人数为2.5722亿,占网民数的40.7%,比2013年12月下降了7.4%。

(5)网络论坛。网络论坛,又称BBS,即电子公告牌或电子公告栏。依照网络创作功能分析,BBS是一个有多人一起参加的讨论系统,任何人都可以对某个感兴趣的问题进行讨论,自由地发表自己的意见。它是早期互联网舆情信息聚合的主要阵地。国内著名的论坛有天涯社区、宽带山、凯迪论坛与人民网强国论坛等。与传统媒体相比,BBS依托网络强大的技术支持,成为互联网发展早期参与者最广泛、互动性更强、讨论更自由的新型交流空间,显示出了巨大的传播力量。但是伴随着社会化媒体的兴起,网络论坛对于用户的黏性快速下降,用户流失比较明显。目前只有天涯社区等少数的网络论坛还保持着对网络舆情的影响力。

2. 手机类新媒体

以手机为传播终端而形成的一系列移动媒体形态可以称之为手机媒体。其主要类型包括——

(1)手机短信和彩信。手机短信是最早的短消息业务,也是目前手机信息服务中最普及的一种业务。它是由手机用户编辑简短的文本通过GSM网络到达其指定的用户。

彩信是手机短信的升级版,包含多媒体信息服务,其最大特点是支持多媒体功能,能够传递更丰富的内容和信息,这些信息包括文字、图像、声音和数据等各种多媒体格式的信息。

(2)手机报。手机报是基于内容供应商与移动通讯运营商合作的

---

① 参见CNNIC:《2013中国社交类应用用户行为研究报告》,2013年12月。

新闻推送平台,通过移动运营商的网络平台和技术提供商的技术平台向以手机作为接受终端的用户传送多媒体信息。主要包括彩信手机报与无线网络客户端手机报、WAP等。彩信手机报类似于传统媒体,是将新闻信息通过电信运营商以彩信的形式发送到手机终端,用户可以离线观看;后者是手机报订阅用户通过手机报纸的网站在线浏览信息。目前各地的电信运营商大多开展了手机报订阅业务。

(3)手机电视。手机电视指以手机为终端设备,进行电视内容传输的技术或应用。具体讲就是利用具有操作各级系统和流媒体视频功能的智能手机,接收和播放电视视频节目。一种是通信方式,利用移动通信技术通过无线通信网向手机点对点提供多媒体服务。另一种是广播方式,利用数字广播技术,通过地面或卫星广播电视覆盖网向手机PDA、MP3、MP4、数码相机、笔记本电脑以及在车船上的小型接收终端点对面提供广播电视节目。

(4)微信。微信是基于移动互联网、以手机为终端的社会化媒体形态。它能快速发送文字、视频、图片、音频等数字格式的信息,是从有线通信到移动通信的一类新媒体应用形式[①]。微信融合了文字及图片分享、语音对讲、"摇一摇"、漂流瓶、视频会话等诸多手段,成为基于朋友圈、以群体传播为主的新媒体传播平台。企业、政府或个人可以通过设立公众号的方式在微信平台上推送相关信息,形成自媒体形态的网络传播。和微博相比,微信表现出移动互联网终端、个人化传播关系网络与地域化或行业化等三个特征。

三、当前我国新媒体发展的基本情况[②]

1998年年初,美国《时代》周刊封面的大标题:"中国上网"。进入

---

① 赵振祥、王洁:《微博与微信:基于媒介融合的比较研究》,《编辑之友》2013年第12期。

② 本节相关数据和观点如无特殊说明,均来自CNNIC的《第34次中国互联网络发展情况统计报告》,2014年7月21日。

第四章　政府新媒体传播：如何跨越"数字鸿沟"

21世纪,网络传播在中国开始迅猛发展。2008年6月,我国网民数量已经超过了美国,居世界第一,互联网普及率也于同期超过了全球平均水平。无论是网民的绝对数量还是网民的增长速度,无论是网络普及率的提高还是网站数量的增长,中国在过去二十年中都取得了较为显著的成就。2009年,时任国务院新闻办公室主任王晨总结了我国互联网发展的四个特点[①]:一是在信息形态方面,信息传播以文字形式为主向音频、视频、图片等多媒体形态转变;二是在应用领域方面,我国互联网正从信息传播和娱乐消费为主向商务服务领域延伸,电子商务迅速发展,互联网开始逐步深入国民经济的更深层次和更宽领域;三是在服务模式方面,互联网正从提供信息服务向提供平台服务延伸;四是在传播手段方面,传统互联网正在向移动互联网延伸。

对照我国以互联网与手机为代表的新媒体平台的发展,当前我国新媒体发展的基本情况如下:根据CNNIC 2014年7月21日发布的《34次中国互联网发展统计报告》数据显示:截至2014年6月,我国网民规模达6.32亿,互联网普及率为46.9%(详见图4-3);其中农村网民占比为28.2%,规模达1.78亿;网站总数为273万个。艾瑞咨询集团发布《2013年中国智能终端规模数据》数据显示,2013年中国智能手机的保有量为5.8亿台,同比增长60.3%[②]。

手机上网发展方面,2014年上半年,手机上网的网民比例为83.4%,规模达5.27亿(详见图4-4),首次超越传统PC整体使用率(80.9%),手机作为第一大上网终端设备的地位更加巩固。同时网民在手机电子商务类、休闲娱乐类、信息获取类、交通沟流类等应用的使用率都在快速增长,移动互联网正带动整体互联网应用快速发展。同时,随着智能手机对功能手机的替代已经基本完成,智能手机对网民普

[①] 参见王晨:《在第九届中国网络媒体论坛上的演讲》,新华网,2009年11月24日。
[②] 参见和讯科技:《2013中国智能手机保有量5.8亿台　同比增长60.3%》,2014年1月23日。

及率增长的拉动效果减弱。智能手机用户已形成庞大规模,市场占有率已趋于饱和,增速呈减缓趋势;此外,由于易转化群体逐渐被纳入网民群体,互联网渗透难度加大,非网民群体中低学历群体占比很高,且该人群上网意愿非常低。

图4-3 中国网民规模和互联网普及率演变(2010.6—2014.6)①

图4-4 中国手机网民规模及其占网民比例演变(2010.6—2014.6)②

---

① CNNIC:《第34次中国互联网络发展情况统计报告》,2014年7月21日。
② CNNIC:《第34次中国互联网络发展情况统计报告》,2014年7月21日。

第四章 政府新媒体传播:如何跨越"数字鸿沟"

CNNIC 第 34 次《中国互联网络发展状况统计调查》的数据显示,2014 年上半年网民对网络应用的使用获得进一步发展(参见表 4-1、4-2)。

交流沟通类应用中,即时通信使用率继续攀升,其第一大网络应用的地位更为稳固。截至 2014 年 6 月,我国即时通信网民规模达 5.64 亿,比 2013 年年底增长了 3 208 万,即时通信使用率为 89.3%,使用率仍高居第一位。即时通信作为网民最基础的网络需求,不仅稳居网民使用率第一位,还呈现出使用率稳步增长的态势。究其原因,主要是由于手机即时通信用户的快速增长。截至 2014 年 6 月,我国手机即时通信网民数为 4.59 亿,较 2013 年年底增长了 2 842 万;手机即时通信使用率为 87.1%。

信息获取类网络应用中,搜索引擎位居前列,体现了用户以我为主获取信息的信息接触习惯。目前,我国搜索引擎用户规模达 5.07 亿,使用率为 80.3%;手机搜索用户数达 4.06 亿,使用率达到 77.0%,规模增长迅速。手机搜索已经超过手机新闻,成为除手机即时通信以外的第二大手机应用。

微博应用方面趋向于成熟稳定。该市场逐步进入成熟期,呈现出集中化趋势。截至 2014 年 6 月,我国微博客用户规模为 2.75 亿,较 2013 年底减少 543 万,网民使用率为 43.6%;其中,手机微博客用户数为 1.89 亿,相比 2013 年底下降 794 万,使用率为 35.8%。在经历了 2011 年至 2012 年的快速增长期之后,微博客市场逐步进入成熟期,整个市场呈现出集中化趋势。

不过,此次 CNNIC 报告对微博的情况评价比较乐观,并提出了四点理由:首先,微博平台作用提升,已经成为个人、机构以及其他媒体的信息发布交流平台,同时也为手机应用、社交等提供了平台支持;其次,从内容方面来看,微博在泛内容、大众化内容的基础上,开始涌现出一些垂直化、精细化的内容,对于用户个性化需求满意度逐步提升;第三,从用户趋势方面来看,微博用户逐步"下沉",从早期的以一二线城市为主,逐步发展到三四级乃至更低级别地区;最后,从价值应用角度分析,随着微博数据的积累,微博将在舆情管理、行为预测、网络营销发挥更大价值[1]。

表 4-1　2013.12—2014.6 中国网民各类网络应用的使用率[2]

应用	2014 年 6 月		2013 年 12 月		半年增长率
	用户规模(万)	网民使用率	用户规模(万)	网民使用率	
即时通信	56423	89.3%	53215	86.2%	6.0%
搜索引擎	50749	80.3%	48966	79.3%	3.6%
网络新闻	50316	79.6%	49132	79.6%	2.4%
网络音乐	48761	77.2%	45312	73.4%	7.6%
博客/个人空间	44430	70.3%	43658	70.7%	1.8%
网络视频	43877	69.4%	42820	69.3%	2.5%
网络游戏	36811	58.2%	33803	54.7%	8.9%
网络购物	33151	52.5%	30189	48.9%	9.8%
网上支付	29227	46.2%	26020	42.1%	12.3%
网络文学	28939	45.8%	27441	44.4%	5.5%
微博	27535	43.6%	28078	45.5%	−1.9%
网上银行	27188	43.0%	25006	40.5%	8.7%
电子邮件	26867	42.5%	25921	42.0%	3.6%
社交网站	25722	40.7%	27769	45.0%	−7.4%
旅行预订	18960	30.0%	18077	29.3%	4.9%
团购	14827	23.5%	14067	22.8%	5.4%
论坛/bbs	12407	19.6%	12046	19.5%	3.0%
互联网理财	6383	10.1%	—	—	—

---

[1] CNNIC:《第 34 次中国互联网络发展情况统计报告》,2014 年 7 月 21 日。
[2] CNNIC:《第 34 次中国互联网络发展情况统计报告》,2014 年 7 月 21 日。

此外,社交类网站呈现持续下降趋势,移动社交逐渐向单一应用聚合。2014年上半年,我国社交网站用户规模为2.57亿,网民中社交网站使用率为40.7%,比2013年年底下降7.4个百分点。社交网站用户规模和使用率的持续下滑,一方面是来自竞争对手的挑战。近几年,社交类应用更新迅速,分流了部分社交网站的用户。另一方面则是社交网站自身的原因。由于创新缓慢,运营重心偏离,未能满足社交用户的核心需求,再加之部分社交网站用户定位局限,当用户状态改变时,容易脱离原来的关系链,造成用户的流失。上述原因造成了"泛社交"的社交网站上用户互动少、更新少、原创内容少,影响交流质量,从而降低了用户的使用意愿①。

表4-2 2013.12—2014.6 中国网民各类手机网络应用的使用率②

应用	2014年6月		2013年12月		半年增长率
	用户规模(万)	网民使用率	用户规模(万)	网民使用率	
手机即时通信	45921	87.1%	43079	86.1%	6.6%
手机搜索	40583	77.0%	36503	73.0%	11.2%
手机网络新闻	39087	74.2%	36651	73.3%	6.6%
手机网络音乐	35462	67.3%	29104	58.2%	21.8%
手机网络视频	29378	55.7%	24669	49.3%	19.1%
手机网络游戏	25182	47.8%	21535	43.1%	16.9%
手机网络文学	22211	42.1%	20228	40.5%	9.8%
手机网上支付	20509	38.9%	12548	25.1%	63.4%
手机网络购物	20499	38.9%	14440	28.9%	42.0%
手机微博	18851	35.8%	19645	39.3%	−4.0%

---

① 参见CNNIC:《第34次中国互联网络发展情况统计报告》,2014年7月21日。
② CNNIC:《第34次中国互联网络发展情况统计报告》,2014年7月21日。

续表

应用	2014年6月		2013年12月		半年增长率
	用户规模(万)	网民使用率	用户规模(万)	网民使用率	
手机网上银行	18316	34.8%	11713	23.4%	56.4%
手机邮件	14827	28.1%	12714	25.4%	16.6%
手机社交网站	13387	25.4%	15430	30.9%	−13.2%
手机团购	10220	19.4%	8146	16.3%	25.5%
手机旅行预订	7537	14.3%	4557	9.1%	65.4%
手机论坛	6890	13.1%	5535	11.1%	24.5%

总体而言,依托互联网与手机而兴起的新媒体当前主要表现出两个趋势[①]:

(1)手机上网比例首超传统 PC 上网比例,移动互联网作为二代互联网带动整体互联网发展。

(2)互联网发展从"广"到"深",网民生活全面"网络化"。互联网发展重心从"广泛"转向"深入",网络应用对大众生活的改变从点到面,互联网对网民生活全方位渗透程度进一步增加。2014 年上半年,中国网民的人均周上网时长达 25.9 小时,相比 2013 年下半年增加了 0.9 小时。除了传统的消费、娱乐以外,移动金融、移动医疗等新兴领域移动应用多方向满足用户上网需求,推动网民生活的进一步"网络化"。

四、当前新媒体传播的主要特征

新媒体改变了社会关系结构,以此为平台的传播活动也表现出新的特征。

---

① 参见 CNNIC:《第 34 次中国互联网络发展情况统计报告》,2014 年 7 月 21 日。

1. 传播过程：交互性颠覆传统传受关系

正如尼葛洛庞蒂所说："多媒体在本质上是互动的媒体"[①]。所谓交互性，是指在新媒介平台上，信息的传播者与受传者之间能够进行及时或实时的交流。就网络传播而言，它有两层含义：第一，传播者几乎在发出信息的同时可以得到反馈，而且受传者的主动权增加，不但可以主动选择所需信息，还可以就接受到的信息发表自己的评论和意见；第二，传播者与受传者的身份可以随时互换：任何一个上网者都可以随时在网上发布信息、改写信息和接收信息。这直接改变了传统传受关系中的权力不平衡格局。传统媒介的信息流通本质上是一个单向流动的过程，并赋予了传播者特别的主导权；同时，传统大众传播的互动不仅很弱，而且时差明显、效率低下。

新媒体的这种即时互动性，意味着传一受关系成为主体间性关系，也意味着以传播者为中心的信息格局的瓦解，大众传播权力被不断分化，进而推动了传播效率的提高。只要有突发危机事件发生，只要有用户参与其中并通过新媒体传播出去，就能很快形成"全世界在观看"的新型舆情态势。这也是为何部分政府部门恐惧互联网传播，进而希望通过删帖、断网等野蛮方式来封锁网络信息的主要原因。

传播关系与传播效率的变化对政府公共传播提出了新要求。政府公共传播将从政府作为传者而享有主导权的传播过程演化为政府与公众频繁互动才能完成的过程。如果政府无法适应新的传播关系和传播效率，就会陷入"数字鸿沟"的困境，在公众的不断追问中被动应付，难以形成政府公共传播自身所要实现的核心目标。从传统"三闻原则"的规范来看，政府既有传播模式只提供了如何把"好消息"传播出去的经验，而缺乏如何传播"坏消息"的经验，更不要说与公众互动的经验。因此，当危机事件发生后，基于网络传播场域的信息交互范式，政府很少

[①] 尼葛洛庞蒂：《数字化生存》，海南出版社1997年版，第122页。

能作为一个积极传播主体参与，更多时候只能以"无闻"的方式保持沉默，主动脱离网络传播的现场。相关研究显示，网络群体性事件一旦爆发，各级、各地官员"不敢说、不愿说、不想说、不会说"的情况还很普遍，政府的社会沟通能力不佳①。而这一处置方式的负面效应就是很可能会激化公众的情绪，质疑政府的怠慢与傲慢。

2. 信息内容：海量化库存带来的"天书"效应

新媒体是个巨大的信息资源库，网民可以随时生产或者提取相应信息资源，网络信息也因此表现出海量化特征。各类信息一旦发出就会被储存在网络空间。所以，对于政府传播来说，在新媒体上无论何时或何人在何地发出的信息，理论上都会永久地存留在新媒体这个巨大的资源库中。无论何人在何时在何地都能找到这些涉及政府各个部门与领导人的信息，并在公众心目中塑成不同的形象。新媒体的这一信息存储效应也被称为"天书"效应，即当恶性事件发生后，之前在互联网上传播的信息犹如写在"天书"上面，难以抹去。网友会通过"人肉搜索"来唤醒既有信息，并根据当前事件来重新组织和解读信息的意义。例如，2012年8月26日，原陕西省安监局局长杨达才因为在延安车祸现场微笑而激怒了网民，进而在对其"人肉搜索"中挖掘出了他喜欢佩戴名表的爱好，杨达才因此成为网上轰动一时的"表哥"；使得舆情演化为"表情不是问题，表才是问题"。而这一信息挖掘过程都是基于杨达才之前参加公务活动的公开图片信息。此外，在2008年地震中备受关注的"微笑书记"谭力也是因此陷入舆论漩涡。谭力因为地震期间陪同国家领导时面带微笑而受到批评，网民又翻出他之前到基层视察工作时的照片进行对比，进而得出"对领导春风般温暖，对下级冬天般冷酷"的结论。谭力本人对此如何感想尚不可知，但从他到海南就任省委宣传部长之后的活动照片来看，面带微笑已经成为他面对媒体和公众的

---

① 张洁：《社会风险治理中的政府传播研究》，复旦大学2010年博士论文。

"标配"。2014年,已经升任海南省副省长的谭力落马,之前已经沉寂了很久的"地震微笑书记"的信息再次被网络挖掘出来,成为网络空间的新热点。

网络信息海量化库存带来的这一"天书效应"会放大社会对"问题官员"的追惩时效。之前,政府官员如果出了问题,会适当选择淡出公众视野,蛰伏一段时间后再寻找复出的机会。但就目前的情况来看,几乎每一个"问题官员"的复出都会形成新的舆情热点。这表明,基于网络记忆的社会情绪的宽容度在降低,对官员出错形成了"零容忍"的规训。这也要求政府部门和政府官员在处理公共事件和个人问题时一定要慎重而负责,否则,纠错的成本会远高于传统社会。

3. 传播空间:超时空带来"脱域化"挑战

网络传播往往不受时间和空间的限制,特别是移动互联网时代到来之后。人们在网上聊天、看电影,在网上接受远程教育,突破了以往施加在人们获取和传播信息上的时空限制。利用互联网,人们可以足不出户,快速地获取存放在世界各地的信息资源,哪怕物理空间上相隔十万八千里,也跟在身边一样方便。

从技术角度上讲,只要拥有一台电脑,一个调制解调器,一根电话线或网线,任何人都可以成为网络世界的公民。网民既可以通过搜索引擎、数据库或超链接等方式随心所欲地获取信息,也可以通过电子邮件、BBS、博客、播客、微博等手段自由发表言论。而3G手机所具有的便携及无线互联的特点,更使人们可以在"anywhere"(任何地点)、"anytime"(任何时间)、"anyhow"(任何方式)传播和接收信息[1]。"随手拍"活动的流行实质上是公众个体摆脱时间与空间的限制、自由参与大众传播活动的集中体现。每个公众都成为互联网感知世界变动的节点,当信息通过遍布全球各地的节点上传到网络空间,就形成了"全世

---

[1] 程曼丽:《新媒体对政府传播的挑战》,《对外大传播》2007年第12期。

界在观看"的信息交互场景。

这样一来,那种依靠地理上的区位优势垄断信息资源而形成的传播特权就在无形中丧失了,人们能够更加自由而充分地参与到各地的公共事务讨论与行动当中去。正是基于网络传播的这一特征,网络群体性事件最为突出的一个特点就是"脱域化"趋势,即群体性事件由于有了互联网这一通路,吸引了大量非本地公众的广泛参与。这使得政府以往基于本地空间社会关系而使用的群体性事件管理方式面临挑战。这类事件如果处置不当,很容易酿成震撼全国、甚至全球性的大事件。例如,调查显示,当群体性事件发生时,政府应对群体性事件正形成所谓"三个进不去":对于网络,基层党组织"进不去",思想政治工作"进不去",公安、武警等国家强制力"进不去"[1]。

脱域化带来的问题还有一个就是事件卷入者往往不是直接利益相关者,以往政府采取的利益主导的解决方案会面临有效性的降低。

4. 传播主体:开放性集合形成"自清洁机制"

互联网是一个开放的系统,每个站点或网页只是这张不断扩展着的网络中的节点,彼此之间是等距离的。于是,在这个虚拟世界中,传播主体,无论是专业机构,还是公民个体,人与人之间的等级地位和观念被大大地淡化了。同时,网络的隐匿性淡化了传统科层制的等级观念,任何网民只要符合法律许可,就可以通过网络与各级政府直接"面对面",就可以对国家大事畅所欲言,对政府政策品头论足,且参与者不受地位、财富、时间、空间等条件限制,这极大地舒缓了公民在传统政治参与中的距离感与无力感[2]。

新闻信息在新媒体空间的传播过程也是一个被多重传播主体不断建构的过程。专业的新闻媒体是否具有议程设置功能,还要看是否经

---

[1] 代群等:《应对"网上群体性事件"新题》,《瞭望》2009 年第 22 期。
[2] 王帆宇、朱炳元:《网络政治空间背景下的公民理性政治参与之道——基于政府善治的视角》,《行政论坛》2013 年第 5 期。

得起网民的盘查和追问。这一过程也被称为是网络传播的"无影灯效应",即基于多人的引证和审查,信息的完整程度和真实性都会受到不断的补充和修订;最终,这样的信息传播活动因为多传播主体的共同参与而形成"网络自清洁机制",恶化"谣言"在网络空间传播的环境和基础。正是由于这种特点加快了信息的传播和链接及其意见的形成,使得真实、客观、公正的新闻在网上被传播得更加迅速,影响力更大。因此,所谓"网络是谣言的滋生地"这样的说法值得反思。一方面,谣言在网络空间的生存环境明显要比现实社会恶劣,在"网络自清洁机制"面前,谣言能够很快被揭穿;另一方面,网络传播的能量巨大,转发和评论都要慎重,要不断提高自身的网络素养,养成多方求证再参与传播的好习惯,这样才会更好发挥网络传播的正能量。

5. 传播权力格局:去中心化与再中心化的同步演化

互联网等新媒体的诞生和普及,快速消解了已有的传播权力中心。互联网技术本质上是以个人为中心的传播技术,具有天然的反中心取向。互联网创造了一个全新的世界,即人人都能进入、人人都能传播的信息世界,彻底改变了传统社会大众传播媒介被社会强力群体独占的传播格局。而与此同时,"再中心化"的过程也在发生发展。在最早接触和熟悉新兴媒体的人群中,以知识精英、文化精英等为主体的社会精英阶层,率先摆脱大众媒介的信息中介,直接进入公共传播空间,向公众传达"草根式"的声音,并且被公众所接受①。在这一过程中,能够获得足够信任的新行为体,将成为新的"权力中心"。

去中心化的过程带来官方媒体影响力的分解和政府权威不断被挑战;再中心化的过程既是对既有传播权力中心的政府与专业媒体的挑战,也是重塑权威的机会。和既有威权社会强调权力的集中相比,互联网对社会的演化提供了权力的分散与制衡的机会,这也是进一步实现

---

① 洪卓、郦全民:《新媒介的基本特征和实质探析》,《东华大学学报·社会科学版》2008年第3期。

协商民主的现实基础。在上述两个方向的过程中,政府需要跨越数字鸿沟,充分利用新媒体带来的发展机遇,才能成为上述两个过程的最终受益者。

6. 群体极化:网络社会沟通的负效应

网络传播除了正面的效能外,当然还存在负面的影响。美国学者凯斯·桑斯坦研究了网络及网络沟通后认为,网络可能有导致社会分裂的潜在危险。桑斯坦将社会分裂的原因主要归之因网络沟通所带来的群体极化。群体极化(group polarization)是指群体成员最早具有的某种态度倾向,在经过互动、交流、共振后,这种态度倾向得到强化,最后形成比较极端的态度和观点[1]。客观地说,群体极化现象在前网络社会就已有端倪,但隐而不显。网络的出现导致群体极化现象浮出了水面。凯斯·桑斯坦说道:"真实世界的互动通常迫使我们处理不同的东西,虚拟世界却偏向同质性,地缘的社群将被取代,转变成依利益或兴趣结合的社群。"[2]因此,在桑斯坦看来,群体极化最容易发生在网络上。他认为,网络对许多人而言,正是极端主义的温床,因为志同道合的人可以在网上轻易且频繁地沟通,但听不到不同的看法。持续暴露于极端的立场中,听取这些人的意见,会让人逐渐相信这个立场。各种原来无既定想法的人,因为他们所读不同,最后会各自走向极端,造成分裂的结果,或者铸成大错并带来混乱[3]。

研究者认为,群体极化具有情绪化与非理性、去个性化与匿名性、突发性与演变迅速等显著特征[4]。这些特征正是基于网络沟通而形成

---

[1] 凯斯·桑斯坦:《网络共和国:网络社会中的民主问题》,上海人民出版社2003年版,第47页。

[2] 凯斯·桑斯坦:《网络共和国:网络社会中的民主问题》,上海人民出版社2003年版,第37页。

[3] 凯斯·桑斯坦:《网络共和国:网络社会中的民主问题》,上海人民出版社2003年版,第50—51页。

[4] 参见张广利、孙静:《群体极化的特征、根源及过程机制分析》,《华东理工大学学报·社会科学版》2013年第1期。

的网络群体行为的负面效应。例如,2014年6月30日,上海地铁9号线发生一起骚扰女性事件。肇事者王某的"咸猪手"行为被拍成视频上传到网络空间,引发网上激愤声讨,最终以肇事人被行政拘留和"双开"而结束。但在这一过程中,王某的妻子、孩子的信息也被"人肉搜索"后公布在网上,其家庭地址、电话、妻子的办公室电话与手机号码等都作为网民的"胜利的果实"而被曝光,进而形成针对他家人的骚扰与伤害。"事实上,主张'扒皮'的人并不见得真的要扒肇事人的皮","他们通常只是希图以这些极端言论赢得更多响应,把狂欢推向新的高潮"[1];而关于对肇事者处罚的公正与否、是否会伤及无辜等倒不是考虑的内容了。网络传播的这一情绪化和极端化的特征往往在群体性事件中被放大,尤其是基于"脱域化"的情景,大量迎合民间舆论场情感倾向的谣言和伪造的"现场图片"会一时涌现,其目的是为了扩大事件中利益各方的冲突程度,以期引起更多围观,形成对强力一方的强大舆论压力。反过来,这样的群体极化过程中的信息传播也会激起现场更多的非理性暴力行为的发生,最终使群体性事件向"暴力冲突"方向演化,造成社会冲突的白热化,并引发社会动荡。

第三节　数字鸿沟:政府新媒体传播面临的挑战

相关研究发现,57.6%的群体性事件中,网民使用新媒体发布消息、彼此联络、制造舆论;而政府仍然高度依靠传统媒体(57.6%)、新闻网站(22.2%)以及记者招待会(15.2%)这三种回应平台,仅有5.1%使用网络新媒体进行互动处置[2]。正如前文所述,新技术采用所带来的利益并非对所有社会成员或者机构都是均等的,现有信息处理能力

---

[1] 魏永征:《"咸猪手"事件与网络群体极化》,《新闻记者》2014年第8期。
[2] 翁铁慧:《网络群体性事件与政府执政能力提升》,《中共中央党校学报》2013年第1期。

强的群体明显要比弱的群体更容易从新传播技术中受益。近年来,随着公众权力监督意识和参与意识的增强,公众关注的热点事件大部分都涉及公共事务,新媒体作为利益表达平台、虚拟社群沟通平台、危机决策监督平台和社会动员平台,成为公众表达民意、参与国家经济、社会及政治生活的重要渠道[1]。同时,日益升温的网络群体性事件也突破了传统传播方式在信息内容与发布时间上的限制,传播的广度与影响也远超一般人际传播[2]。或许正是因为这一变化,传统的政府公共传播模式需要发生革新。6.32亿网民,12亿手机用户,273万家网站,3亿微博用户,6亿微信用户,在众声喧哗的"大众麦克风时代",要把互联网这个社会转型期的"最大变数",变成可管、可控、可协商的常数,是一个几乎不可能完成的任务[3]。更为可能的情况是政府提高自身利用新媒体的效率,形成与公众新媒体传播的效率竞争格局,以防止在新媒体技术面前,自身陷入"数字鸿沟"的陷阱,落后于时代发展的步伐。

一、数字鸿沟分析的基本框架

自1995年美国政府发布"Falling through the Net"的研究报告,"数字鸿沟"这一概念开始流行开来。作为一个比喻,这一概念使人们有机会认识到技术富有者和技术贫穷者之间存在的不平等。学界此前关于数字鸿沟的研究聚焦于数字技术的"接入"(access)和"使用"(use)上;这两个层面也被学者们称为第一道和第二道数字鸿沟[4]。按照丁未、张国良的研究,在网络时代,这类信息鸿沟主要表现在四个方面,简称为"信息鸿沟ABCD"[5]。A(access)指互联网接入与使用渠道。互联网不仅需要信息基础设施,而且对终端用户来说,互联网接入价格由

---

[1] 方雪琴:《新媒体背景下政府危机传播的新策略》,《中州学刊》2009年第5期。
[2] 唐斌:《群体性事件的网络传播与政府干预分析》,《河南师范大学学报·哲学社会科学版》2009年第6期。
[3] 祝华新:《凝心聚力:互联网舆论场治理再观察》,人民网,2014年7月24日。
[4] 参见韦路、张明新:《数字鸿沟、知识沟和政治参与》,《新闻与传播评论》2007年第21期。
[5] 丁未、张国良:《网络传播中的"知沟"现象研究》,《现代传播》2001年第12期。

硬件/软件、提供接入费用及电话服务费三者组成,造成这种差异的主要原因是社会经济条件的差别;B(basic skills)指数字化时代需要掌握的"信息智能"。群体间信息智能的差异往往造成互联网利用能力方面的鸿沟;C(content)指网上内容。在四通八达的网络世界里,由谁主导多媒体、多语言的信息内容和网络信息产品,就决定了这些群体与其他群体之间的鸿沟;D(desire)指个人上网的动机、兴趣,不同的"使用与满足"类型,决定了互联网用户在获取信息和利用信息方面的鸿沟。此外,也有研究者把数字鸿沟划分为三个层面:①全球鸿沟,即工业化国家和发展中国家之间在因特网接入上存在的差距;②社会鸿沟,关注的是在每个国家内部信息富有者和信息贫穷者之间存在的差距;③民主鸿沟,强调的是人们在是否使用数字技术参与公共生活方面的差距[①]。

相关研究表明,相对于互联网接入而言,互联网使用对于人们的知识获取有更大影响[②]。基于此,我们认为,政府新媒体传播所面临的"数字鸿沟"风险应主要集中于"使用沟",而非"接入沟";或者说主要集中于"民主鸿沟",即政府在使用数字技术参与公共生活方面与公众的能力差异是当前政府理政面临的重大风险。而在"信息鸿沟"框架下,政府面临的"数字鸿沟"则主要体现在"信息智能"层面,即政府因为与公众存在信息智能层面的差异,进而造成政府在新媒体利用能力上与公众存在明显差距。基于上述分析框架,我们将对政府新媒体传播存在的相关问题做一实证分析。

二、政府新媒体传播:数字鸿沟何在?

网络孕育着政府在公民社会的新型沟通模式,但网络信息的复杂性、网络文化的解构性、网络立法的滞后性容易导致网络政治参与的无

---

① 参见韦路、张明新:《数字鸿沟、知识沟和政治参与》,《新闻与传播评论》2007年第21期。
② 参见韦路、张明新:《第三道数字鸿沟:互联网上的知识沟》,《新闻与传播研究》2006年第4期。

序性;信息控制的隐蔽性可能导致技术官僚为民做主;数字鸿沟、政府部门的信息意识和信息能力不强制约了政府与公民社会的良性沟通①。沿着这一思路,我们来探寻政府与公众在新媒体技术方面所形成的数字鸿沟的具体方位和环节。

1. 互联网接入情况

1999年,被称为是"政府上网年"。在这一年,我国政府开始启动政府信息门户网站的建设。在接入与网络技术掌握方面,政府上网工程的主要发起者中国电信主动提出为政府上网推出"三免"的优惠政策:在规定期限内减免中央及省市级政府部门的网络通信费,组织ISP/ICP免费制作政府机构部分主页信息,并免费对各级领导和相关人员进行上网基本知识和技能的培训②。很显然,在互联网接入方面,政府作为社会资源的配置者拥有近水楼台先得月的优势。相关数据显示,目前我国省级、省会城市及计划单列市政府门户网站拥有率均达到100%,地级市政府门户网站拥有率为97.67%。近几年的绩效评估显示,各级政府网站建设水平均有不同程度的提升③。

不过,如果把政府信息网站普及水平和我国机构网站整体发展情况相比却不容乐观。2014年7月21日由CNNIC发布的《第34次中国互联网络发展情况统计报告》的数据显示,截至2014年6月,中国.CN域名总数为1 065万,占中国域名总数比例为55.6%;而以GOV.CN结尾的域名数为56 348个,仅占0.5%,甚至低于非营利性机构类型的域名数(66 806,占0.6%)④。即便如此,政府网站的建设效果也不是十分令人满意,还存在诸多问题。例如,相关调查显示,发达地区相对于西部落后地区网络建设比较好;中央、省级部门的网站比

---

① 陈炳,高猛:《网络时代政府与公民社会的沟通问题》,《探索与争鸣》2010年第12期。
② 参见《政府上网工程全面启动》,《邮电商情》1999年第3/4期合集。
③ 转引自张付:《我国公共政策传播渠道分析》,《中国流通经济》2013年第11期。
④ 参见CNNIC:《第34次中国互联网络发展情况统计报告》,2014年7月21日。

较完善,基层政府的网站比较简单,有的甚至没有专门的网站,更主要的是政府网站的使用率不高。2009年中国政府网站绩效评估结果显示,政府网站用户使用率总体不超过75％,依靠政府网站获取办事资源与信息的网民还不到一半,对政府网站的服务效果表示不满意的更是占绝大部分[1]。

2. 政府网站的内容与功能机制建设

从《2012年中国政府网站绩效评估及结果分析》反映的情况来看,中国政府网站内容建设与功能机制的主要问题为:重点领域信息公开不够、行政权力运行不透明、办事服务不实用及便捷度较低等[2]。这些问题严重阻碍了服务型政府网站功能的发挥,尤其是对公共危机事件发生后沟通效能的影响十分明显。从已经发生的网络群体性事件来看,政府网站普遍处于"无为"的失语状态,"既浪费了宝贵的信息平台资源,也在客观上加剧了事态恶化"[3]。

具体来看,政府网站内容与功能建设目前存在五个方面的问题[4]:①论坛(BBS)功能落后。政府网站因面孔太过严肃,互动不足,论坛信息比较单一。②搜索引擎功能太弱。政府网站的搜索范围要么限制在网内,要么功能不全、智能化和精准度都不高,网民难以使用此检索机制获得相关信息。③网络新闻机制的落后。政府网站没有体现网民既是读者又是作者的双重角色。④即时通讯的落后。特别是手机作为网民上网第一通道的兴起,政府网站尚未利用这一颇具潜力的传播机制。⑤博客与微博服务功能缺失,政府网站远远落后于其他网络传媒。同时,《2012年中国政府网站绩效评估及结果分析》显示,目前政府网站

---

[1] 转引自张付:《我国公共政策传播渠道分析》,《中国流通经济》2013年第11期。
[2] 参见张少彤、赵胜君:《2012年中国政府网站绩效评估及结果分析》,《电子政务》2013年第2期。
[3] 参见吴新叶:《群体性事件下的政府网站:问题与对策——一个比较视角的分析》,《上海行政学院学报》2012年第1期。
[4] 参见吴新叶:《群体性事件下的政府网站:问题与对策——一个比较视角的分析》,《上海行政学院学报》2012年第1期。

设立信息公开重点工作专栏比率不足两成;79%的地市政府网站未能公开征地拆迁补偿方案、补充标准、补助发放等信息;32%的省级、副省级政府网站尚未公开食品安全、环境保护、产品质量监督检查信息;仅有10%左右的政府网站公开行政审批流程图;搜索引擎已经成为网民获取信息的主要途径,但是评估结果显示,48%的政府网站尚未提供搜索服务或搜索服务不可用,47%的政府网站虽然提供搜索服务但只能检索到相关工作动态,只有5%的政府网站能在搜索结果的前几页查询到相关服务①。

看起来,政府网站的建设任重道远,还有很多方面需要向同期发展起来的商业性服务网站学习。如果政府网站滞后于公众同期网络使用习惯的发展,不能带来良好的用户体验,政府公共传播的效能也将大打折扣。

3. 政府部门与公务人员的新媒体采纳情况

新媒体的一个重要特征是更新换代的速度非常快。从信息门户网站到网络社区、再到博客、社交网络、然后到近期涌现的微博与微信,新媒体不断创新传播形态,改善用户体验,逐步渗透到人们生活、工作与社会事务的各个方面,成为社会沟通交流、生活方式的一部分。对上述不断演化的新媒体形态的采纳和适应的滞后是政府"数字鸿沟"形成主要原因。整体来看,政府新媒体采纳情况已经有了较大改善,但运营能力却差强人意。以政务微博为例,2010年被称为是"中国微博元年",2011年则被称为是"中国政务微博元年"。2011年这一年我国政务微博的增长率达到了惊人的数字:776%,2012年的增长率也达到了249%。截至2013年12月,在新浪、腾新、人民网与新华网上的政务微

---

① 参见张少彤、赵胜君:《2012年中国政府网站绩效评估及结果分析》,《电子政务》2013年第2期。

博已经超过25万家,其中公务人员微博达到了75 505个[①]。不过,政务微博的运行情况却不容乐观。很多主管领导秉承"多一事不如少一事"的理念,没有很好利用微博平台作为"茶馆"的议事功能,促进公共事务的改善。

对于我国政务微博目前存在的问题,有研究者做了全面的梳理,具体包括以下四个方面[②]。

(1) 不善经营,运作效果不佳。① 信息发布:信息发布不及时,更新不规律,时效性较差;② 内容运作:内容单一,官话、套话较多,信息量小;③ 互动交流:以单向信息发布为主,与公众互动少,影响网民交流的积极性,造成注意力资源的闲置;④ 宣传推广:缺乏有效的宣传与推广,政务微博的运用一般停留在初级阶段,影响力较低。

(2) 新媒体素养缺乏,常常引发舆情危机。目前,我国政府机构、官员使用微博不当引发的舆情危机为数不少。例如,不少"个性官员"在微博中"公私不分",多次深陷"骂战"。

(3) 机制不完备,政务微博未能充分发挥作用。政务微博集合了微博时效性强、传播迅速、方便快捷的优点,有助于应对突发公共事件、引导网络舆论。但目前,我国政务微博主体尚未形成突发公共事件应急机制、舆论引导机制,导致其功能未能充分发挥。在应对谣言、与网络意见领袖合作、开展电子政务与公共管理、公共外交与政府网络形象等方面,政务微博相应的运作机制也较为匮乏。

(4) 整体分布不平衡,呈结构性失调。我国政务微博分布上表现出结构性失调:一是在地域分布上,东西部不平衡、经济发达地区与落后地区不平衡,多集中于经济较为发达的区域;二是在行政级别分布上,较高级别的政府机构、官员微博相对偏少。

---

① 国家行政学院电子政务研究中心:《2013年我国政务微博客评估报告》,2014年4月8日。
② 参见上海交通大学舆情研究实验室:《我国政务微博的现状问题与相关建议》,《科学发展》2012年第11期。

上述四大类问题中,前三类基本上属于"数字鸿沟"中的"使用沟"的问题;第四类中东西部分布的不平衡可能与"接入沟"问题相关。而从根本上来看,我们又可以将政务微博的问题归结为数字鸿沟概念中的"民主鸿沟"问题,即政务机构与官员更为熟悉的是传统官方舆论场的规则,一切由全能角色的政府来裁决,但不适应权力被分享后的公共议事程序,对"权力被关到笼子里"的制约感到恐惧和反感;对于分享了传播权力的网民而言,依托规模庞大的网络群体,更希望是协商民主制度下讨论问题,维护自身权利和权力。反过来,我们也要看到,相对于之前政府新媒体传播的形态,政务微博对政府部门与公务人员提出了与网民之间更为深入、全面的交流能力要求。政府网站位于官方舆论场的核心地带,信息发布权掌握在政府自身手上;而政务微博却是官方机构和政务人员进入到民间舆论场的核心地带,是与公众面对面的沟通与交流。出于对"沟通"的恐惧以及"交流"的障碍,部分政务微博则直接选择了"失语"。例如,2012 年 10 月,银川市委办公室、市政府办公室在其官方微博"问政银川"曝光了 19 个"僵尸微博",这些政务微博 7 个工作日未更新①。

总体而言,在面向新媒体的传播融合过程中,政府公共传播能力成长出现了明显的滞后。跨越数字鸿沟,打通两个舆论场,成为网络传播活动中的议程引导与参与者,推动社会共识的达成,弥合阶层与群体之间裂痕与摩擦,这应该成为当前我国政府公共传播创新的核心工作。正是在这一背景下,2013 年 10 月 1 日国务院签发了《国务院办公厅关于进一步加强政府信息公开回应社会关切提升政府公信力的意见》(国办发〔2013〕100 号)。该《意见》指出,下一阶段要重点解决当前政府机构存在的信息公开不主动、不及时,面对公众关切不回应、不发声等问题。针对政府新媒体传播,《意见》要求,"充分发挥政府网站在信息公

---

① 闫晓彤、崔贝迪:《从 5W 模式看政务微博的现状、问题及对策》,《新闻世界》2013 年第 5 期。

开中的平台作用:各地区各部门要进一步加强政府网站建设和管理,通过更加符合传播规律的信息发布方式,将政府网站打造成更加及时、准确、公开透明的政府信息发布平台,在网络领域传播主流声音"……"着力建设基于新媒体的政务信息发布和与公众互动交流新渠道:各地区各部门应积极探索利用政务微博、微信等新媒体,及时发布各类权威政务信息,尤其是涉及公众重大关切的公共事件和政策法规方面的信息,并充分利用新媒体的互动功能,以及时、便捷的方式与公众进行互动交流"①。2014年8月18日,中央全面深化改革领导小组第四次会议审议通过了《关于推动传统媒体和新兴媒体融合发展的指导意见》。这是新时期我国最高级别的关于媒体发展的专项指导意见。

美国学者罗萨·博奇研究了线上、线下政治参与的关联性,并将公民政治参与从低到高分为五级:最低一级是获取信息(网址、办公公告等),第二层级是实现交流(收发电子邮件、信息等),第三层级是获取咨询服务(通过调查、民意测验、公民复决、政治投票、政治请愿等形式),第四层级是提供协商场所(公共论坛、博客等),第五层级是绝对充分、直接的公民政治参与②。参照这一分级标准来看,我国政府上网工程所满足的公众政治参与的需求为最低级别;而近年兴起的政务微博与政务微信则为公众提供了较高层级的政治参与服务。从整体情况来看,我国政府在公共传播中利用新媒体与公众的沟通还处在较低层级。从近年来源于互联网平台而形成的突发危机事件的成因来看,则多属于公众较高级别的政治参与需要无法得到满足所致,尤其是"网络问政"的需求常常得不到政府的及时回应。很显然,源于电子政务的问题相对容易解决,通过优化办事流程即可提高公众的满意度;而源于网络问政的危机则解决难度较高,却又是官方舆论场与民间舆论场"面对

---

① 参见国务院:《国务院办公厅关于进一步加强政府信息公开回应社会关切提升政府公信力的意见》,2013年10月1日。
② 转引自孙萍、黄春莹:《国内外网络政治参与研究述评》,《中州学刊》2013年第10期。

面"冲突的主要摩擦面。因此,从公众政治参与的视角来看,政府新媒体传播需要着力于解决网络问政问题,即解决如何与公众沟通、共同完成社会治理的问题。这应该是政府新媒体传播能力构建的核心所在;而电子政务则属于基本服务层面的需求满足,是政府线下功能的线上延伸,成为网络舆情触发点的可能性相对偏低一些。

中国作为世界上网民数量最多的国家,同时国家行政模式也正经历"国家治理体系与治理能力现代化"的转型,如何跨越数字鸿沟、面对新媒体传播这一新生事物带来的机遇与挑战?如何在新媒体背景下构建政府与公众政治沟通的理想模式,以推动民主政治的发展?这些问题亟须进一步深入研究,也是我们在论述中所关注的核心问题。

第四节 打通两个舆论场:政府新媒体传播的创新方向

尼葛洛庞帝曾在网络勃兴初期就认为,"网络真正的价值越来越和信息无关,而和社区相关……而且正创造着一个崭新的、全球性的社会结构"[①]。正是源于社会结构的革新,才有了当前政府治理现代化的能力结构转型要求。针对当前我国政府公共传播面临的"数字鸿沟"问题,我们认为,打通两个"舆论场"、构建一个"可沟通"、"可信任"的政府是当前政府所要实现的首要目标和解决的核心问题;同时,这也是政府新媒体传播的主要创新方向。

一、政府新媒体传播的核心原则

1. 信任获取:政府新媒体传播启动后的首要目标

政府信任是公众基于对政府可靠性和可依赖性的信念而产生,公

---

① 尼葛洛庞帝:《数字化生存》,海南出版社1997年版,第213页。

众收集政府的相关信息,并通过自身的信念体系,对政府组织承担公共责任、实现公共目标的能力和特征进行判断,从而确定政府的可信性或行为的可预测性①。研究表明,政府信任的严重匮乏不仅会加大治理成本,影响治理绩效,而且极易造成经济衰败和社会动荡,从而使"治人者"与"治于人者"的关系演变成一种两败俱伤的"负和游戏"(minus-sum game)②。同时,从传播学"议程设置"理论的相关研究来看,唯有那些具有良好公信力的传播主体才能在议题设置权力竞争中居于优势地位;反之,只能成为"问题制造者",而无力参与社会话题的讨论与甄选,并因此丧失了传播话语权。新媒体时代,如果依然沿着传统政府传播理念主导的行动逻辑发声,受到伤害最大的就是政府的公信力。

从历史的维度来考察,主导传统传播格局的"三闻"原则曾经发挥过积极的效应。这种模式在计划经济时期和前新媒体时代能够以"单向度"、"不沟通"的方式高效率地获得社会信任,进而提高政府美誉度、降低执政纲领实施过程中的摩擦力,构建了一条获取公众信任的"快速通道"。但这一原则有一个基本前提,就是大众传播媒介被社会管理者全面掌控,信息的传布与封锁可以做到得心应手。这样负面消息被消除、正面信息被放大,社会管理者的美誉度和信任度将会获得快速提升。这一时代官方媒体所谓主流媒体地位的获取实际上来自对信息传播权力的垄断。传统媒体作为唯一的官方信息通道,构建起了左右人们行为决策的主要参照系,进而专享了议程设置的话语权。但新媒体带来的最显著的变化是信息垄断被打破、传播权力的去中心化。突发危机事件发生后,在新媒体和异地媒体都已经广泛传播相关信息的时候,公众对当地政府的第一诉求其实就是能够及时表态,承认问题的存在,并积极解决问题。但很遗憾的是,更多时候,政府表现出对民意期

---

① 转引自徐彪:《公共危机事件后政府信任受损及修复机理——基于归因理论的分析和情景实验》,《公共管理学报》2014年第2期。
② 杨建宇:《政府不信任:概念、机制及其对民主治理的价值——信任和不信任双因素观的解释》,《华中师范大学学报·人文社科版》2014年第2期。

待的傲慢,对于危机视而不见,不允许相关信息见诸报端。在新媒体传播权力格局下,政府再按照传统传播原则出牌,不仅导致主流媒体地位岌岌可危,而且带来了社会管理者声望的严重损害,给公众造成了"不可沟通"、"不可信任"的"鸵鸟"印象。

信任的建立是危机事件妥善解决的第一要义,也是降低社会运行成本的基本要求。信任的建立源于信息的公开、双向的沟通,以及事件处理程序的公正合理等等。信任这一特殊社会资本还有一个最基本的特征就是"难建易毁":建立起来非常困难,而毁灭起来却非常容易。因此,这也要求政府在新媒体传播中珍惜已有的信任资源,而不能反其道而行之。有了信任,才能消除误解,为进一步达成共识提供好的基础。以信任建立为沟通启动的首要目标,也要求政府新媒体沟通不仅注重单纯的传播修辞技巧,更要跳出传播过程来看沟通的意义和价值。

2. 改变单向信息控制思维惯性,以双向沟通主导公共传播流程

那么,如何获得信任呢? 从2005年以来诸多案例的梳理来看,双向互动模式是政府获取信任的基本模式;反过来,单向信息控制模式则加剧了公众对政府的不信任。

在媒体充当社会管理者"耳目喉舌"的时期,官方媒体是公众了解社会信息的主渠道,所谓"新闻、旧闻、无闻"的信息控制理念也因此成为政府公共传播遵循的主要规则。互联网的出现使得当代中国信息传播权力正面临"去中心化—再中心化"的演变,即原有基于"封闭—控制"信息发布模式赋予官媒的信息垄断权力正在因为互联网而分化,传播权力的去中心化导致传播场域中多个话语中心的形成,信息传播也由原来的单向传播和说教灌输转向话语场域之间的双向、甚至多向的信息互动、交流沟通。有人将当前信息封锁模式面临的困境做了生动的总结:"瞒得了官员,瞒不住记者;瞒得了记者,瞒不住线人;瞒得了线人,瞒不住网民";"自己不说别人说,政府不说百姓说,媒体不说网民

说,国内不说境外说"①。

沟通的基础是信息公开。2008年5月1日正式实施的《中华人民共和国政府信息公开条例》,是政府信息公开从理念到实践、从试验到法治层面的升级。信息公开的内容在《条例》里有明确的规定,总的原则就是:只要是不涉及国家安全、商业机密和个人隐私的信息都要公开。我们也看到,在诸多网络事件当中,公民向政府提出了信息公开的申请,基本上都能按照规定给出回复;但信息公开的幅度和公众所期待的范围仍然相去甚远。

从政府公共传播的诸多案例来看,成功的案例多采取了"双向互动"的沟通模式。政府部门能够及时体察到公众情绪的变化,并做针对性的沟通。这将促进双方之间信任度的提高,降低因为相互质疑而造成的社会运行成本。所谓"可沟通政府"理念的打造,其本意亦在于此。尤其是在国家治理体系和治理能力现代化的国家战略框架下,更需要政府以双向沟通的方式与各治理主体之间交换意见、达成共识。

3. 公共利益至上为核心原则

政府存在的首要价值在于其公共服务特质。但是,发展中的中国却让政府的这一价值定位充满矛盾。从本质上讲,政府应当以提供公共产品和服务作为自己的根本任务,但当个体天然的自利倾向同政府组织的权力结合起来,政府组织的自利性就凸显出来②。从一定意义上讲,中国30年经济的高速增长是地方政府"有形之手"直接推动的结果。虽然转型期地方政府带来的良好的经济绩效,但其在民生建设领域中的"无所作为"却频繁招致社会的不满和指责,而这也正是近年来群体性事件频繁爆发的主要诱因。因此,回归公共利益至上这一原则不仅是政府传播创新的要求,同时也是对政府行政模式创新的要求,以

---

① 转引自李武军:《试论非传统安全下的舆论引导》,《新闻实践》2010年第1期。
② 转引自鲁敏:《转型期地方政府角色研究述评》,《湖北行政学院学报》2012年第1期。

缓解当前政府与社会的紧张关系状况。

  关于政府可信赖程度的具体衡量指标包含能力、善意与正直三个维度①。其中"善意维度"是指政府的行为和决策是否以社会公众利益为导向,包括政府行为是否符合公众利益,政府及其工作人员是否是诚实的,是否能够向公众披露准确、可靠的信息等。基于此,公共利益至上原则要求政府在使用新媒体传播的时候更多考虑公众的利益和感受,而非单纯强调部门利益和困难。这是政府和公众得以双向沟通的基本前提,也是当代政治文明发展的集中表现。

  4. 新旧媒体一体化,线上与线下传播价值取向一致性

  从近年来发生的案例来看,有一种情况很常见,即政府在新媒体场域中的传播策略可圈可点,但在传统媒体平台上却实行截然不同的传播策略;往往是新媒体沟通及时、理性,传统媒体平台却一言不发,顾左右而言他;甚至有领导人还认为,互联网上的事情就交给互联网来解决,传统媒体就不要瞎掺合了。看上去似乎有道理;但是,从信任构建机制来看,这一处理方式存在严重的问题。

  信任构建是一个"细节决定成败"的过程,同时也是一个难建易毁的过程。如果基于互联网平台的良好沟通获得了信任,那就需要对这一信任资源善待有加。最好的信息维护方式是"言行一致",即政府作为行为主体前后的言行保持价值取向的一致性。如果仅仅是新媒体层面沟通是顺畅的,而传统媒体并没有跟进,这将会对基于互联网而形成的脆弱的信任构成破坏,进而消解了前期新媒体平台沟通所形成的信任基础。新媒体沟通热热闹闹,传统媒体一言不发,这样的反差最终会给公众众多质疑的理由。沟通主体行为准则的一致性,网上网下沟通的一致性,是建构信任资源、维护政府与公众信任关系必不可少的一个环节。

---

① 参见徐彪:《公共危机事件后政府信任受损及修复机理——基于归因理论的分析和情景实验》,《公共管理学报》2014年第2期。

5. 遵循"谦抑性原则",以"和"为贵

以谦抑性原则指导政府公共传播是对处于强势地位的政府参与公共传播的当代政治文明规范。从目前文献来看,在舆论学研究中较早引入这一原则的是支庭荣教授。"谦抑性原则"这一刑法学中的概念,原指刑法的界限应该是内缩的,应依据一定的规则控制处罚范围和程度,凡是有可以代替刑罚的其他适当方法存在,就不将某种违反法律秩序的行为设定成犯罪行为;凡是适用较轻的刑罚足以抑制犯罪、保护合法权益的,就不要规定较重的制裁办法。在支庭荣看来,在舆论场中,人们的心理期待是资源控制者和权力使用者,能够采取一种平等的或谦抑的姿态参与对话和交流,后者表现出来的强势、蛮横、霸道,常常引起舆论的剧烈反弹,并在社会化媒体上被放大,导致传播的失败。因而,舆论学中的谦抑性原则,指的是在争议性、冲突性的事件中,事、理、权占据优势的一方,能够自我克制,不滥用自身的优势,避免施加不必要的压力,以降低舆论场强度的剧烈变化和结果的不可控性①。

谦抑性原则强调的是政府公共传播中自我克制与适度原则,使用通俗的表达就是"得饶人处且饶人","严于律己、宽以待人"。从关系管理的角度来看,基于情感因素的关系明显要优于以利益因素为基础的关系,更容易激起情感的共鸣与共识的达成。政府公共传播策略如果刚性过强则很容易陷入"赢了公道,失了人气"的尴尬胜利。在当前官方与民间信任度相对较低、冲突不断加剧的大背景下,"谦抑性原则"则显得特别重要,理性与情感的交互作用,才是破解当前政府信任危机的合理举措。值得注意的是,近年来相关案例表现出了与上述"谦抑性原

---

① 参见支庭荣:《集合传播权与谦抑性原则——解析社会化媒体时代的"两个舆论场"》,《西北师大学报·社会科学版》2014年第2期。

则"明显背离的做法。例如,"5.31延安城管踩人事件"①(2013年)中出现了受害人刘国锋在接受延安城管局局长鞠躬道歉后却发布了"公开致歉信",向公众表示道歉,并声称"不希望延安形象因此蒙黑";而"新郑夜半拆迁事件"②(2014)中的受害人张红伟则在事件曝光后公开向政府道歉,声称"对不起政府"。受害人表现出如此的"谦抑性"并没有促进问题的解决和政府信任度的提升;反过来,舆情倒是更倾向于质疑政府部门在其中是否有"小动作",致使出现令人错愕的"受害人"致歉举动;而且,在受害人致歉后,网民也纷纷呼吁作为过错方的政府部门也该发布致歉信,认为这更符合政府部门自我批评的角色规训,使得政府部门再次陷入舆论讨伐的风口浪尖。

二、政府新媒体传播创新:如何打通两个舆论场

既然打通两个舆论场是政府新媒体传播跨越"数字鸿沟"的目标与使命,那么所有问题都集中于政府如何通过新媒体传播创新来提高两个舆论场融合沟通的效率了。基于理论与实践两个层面的考量,我们认为,以下几个方面可以作为政府新媒体传播创新的主要方向与着力点。

---

① "5.31延安城管踩人事件":据媒体报道,2013年6月3日,网上一条延安城管2013年5月31日下午"暴力执法"的视频引发网友热议,视频中一群着城管制服的人群殴自行车行一男子,该男子已经被打倒在地,但一名城管并未罢休,双脚跳起重重地踩向他的头部。这一画面成为整个舆情事件的标志性符号。延安市城管局随后宣称,涉嫌暴力执法的8名城管已被停职接受调查,其中"踩人"城管等四人均为临时聘用人员。6月7日,延安市城管局局长张建超就延安城管暴力执法事件向受害者刘国峰鞠躬道歉。但当天夜晚,网上就出现了一封声称是刘国锋写的《致广大关心延安5.31事件网友的一封信》,声称自己对"给延安人民带来的伤害表示内疚"。但事后刘国锋承认公开信是和城管局共同协商的结果(参见新华网相关报道)

② "新郑夜半拆迁事件":据媒体报道,2014年8月8日凌晨,新郑市龙湖镇居民张红伟和妻子在熟睡中,被撬门闯入的不明身份人员强行掳走,带至镇里的公墓被控制人身自由达4个小时。待夫妻二人返家时,原有的4层小楼已经被强拆,成为一片废墟,家中贵重物品至今被埋在废墟下。在经微博与媒体曝光后,当地相关部门处于舆论讨伐的风口浪尖。但随后张红伟在接受记者采访时表示:自己的行为犯了错误,对不起政府。并按照当地政府给出的补偿标准签署了拆迁协议;同时表示"我对这样的结果满意"(参见《法制晚报》相关报道)。

1. 改善政府网站主渠道,扩大公民政治参与机会

政府网站是政府为应对新媒体变局而最早推出的新媒体传播平台。我们认为,政府网站作为政府面向新媒体世界传播信息、塑造形象的主窗口,仍然是新媒体战略的重中之重。当然,政府网站的主要问题是传统的单向信息发送与海量信息结合的粗放化的运行理念。政府网站所遭遇的问题和当前门户网站的影响力衰退的趋势相类似,也面临革新的需要。

我们认为,政府网站需要从原来单向的信息传播和电子政务平台转向注重用户体验、强化用户参与互动的综合性"网络问政"服务平台,立足于扩大公民政治参与机会。这将区别于之前传统的政府网站功能和角色。网络政治参与有利于拓宽民主渠道,丰富民主形式,在加强民主监督、推动民主决策和民主管理等方面有着传统政治参与无法比拟的优越性,较好地起到了保障人民的知情权、参与权、表达权、监督权的作用,有利于推动各项民主制度的建设①。强化这一服务功能正是政府治理现代化的核心内容。从目前情况来看,政府网站比较强调的是电子政务服务功能,下一步则需要强化网络问政的功能,以保证政府网站不仅是政府信息发布的主渠道,还是政府吸纳民意、开放参与的信息汇流平台。对网络政治参与的研究认为,目前存在四种网络政治参与途径:通过网络议论热点问题,进行舆论监督;通过专业网站的政治性论坛、特定软件发表政治见解;通过网络与政府官员进行在线交流;通过网络表达意见参与政府政策的制定②。如果我们把这作为公众政治参与的"需求地图"的话,所谓的政府网站创新就是"按图索骥"的过程,在以上四个维度扩大政府网站的服务功能将大大提高政府的影响力和

---

① 参见何正玲,刘彤:《网络政治参与:当代中国政治发展的机遇与挑战》,《天津行政学院学报》2012年第2期。

② 田惠莉:《善治理念指导下网络政治参与的发展现状及完善路径》,《佳木斯大学社会科学学报》2012年第6期。

公信力。

从用户和新传播形态的维度来看,政府网站创新还需要体现两个层次的匹配。其一,要与新媒体用户的使用习惯相匹配。当前新媒体用户使用强调体验性、可分享、可互动等特征,政府网站需要从这一层面满足用户需求,提高网站服务的人性化,以用户为中心设计沟通交流的平台框架,而不能固守一隅,以过时的用户习惯来主导网站建设。其二,要与当前新媒体传播形态与技术发展水平相匹配。web1.0强调的是海量信息、单向传播;而web2.0则强调传播权力的去中心化、个性化传播平台的构建;随之而来的所谓web3.0则强调对个人社会关系在互联网世界的平移、复制与放大,强调依托强或者弱的关系来锁定平台与用户之间的关系,社交类媒体的大范围普及是这一时期的典型表现。参照这一新媒体传播形态与技术发展变迁历程,政府网站需要面向web2.0和web3.0打开融合化的窗口,而不能僵化为web1.0时期的新媒体传播"古董"。从新传播技术的演化来看,政府网站需要以扩大公众政治参与机会为革新的主方向,吸引用户积极介入政府公共传播活动过程,进而使政府有机会融入新媒体传播活动的链条当中,成为新媒体世界中事件与活动的积极参与者,与公众结成面对面的关系。以奥巴马为代表的西方新一代政府领导人,对于政府网站的改造正是沿着这一思路不断演化。如本章前文所述,目前美国政府已经形成了一个以白宫本网为中心,各大社交网站为功能延伸的政府信息传播及互动平台,在政府与公众间建立起一条开放、互动、即时的资讯传播链条;而奥巴马本人也被称为是"新媒体总统"。

2. 深入民间舆论场,把政务微博打造成政府新媒体传播的桥头堡

微博的兴起是网络化社会关系从碎片化走向整合的一个结果。在这个开放性的社会关系网络中,既有大众传播,又有人际传播;既有专业媒体,又有意见领袖。这一立体化、全方位的社会关系为信息传播提供了新的实践场景:事实信息的传播在微博空间呈现出"无影灯"的效

应,即信息一边传播,一边被检验,只有那些经得起众多立场不同、倾向各异的微博用户一再挑剔的质询的信息才能够被信任。这对习惯于选择性呈现事件信息、强调正面宣传报道为主的我国官方媒体体系来说是一个重大考验。官方媒体所谓"正能量"的传播,必须经得起公众的推敲和追问,而微博正是把公众知识和智慧聚合起来的场域。微博因此也成为当代中国社会林林总总现象被放大复制的舞台,尤其是社会冲突与民生问题的失范等问题,更容易成为微博场域中聚焦的热点。相对于官方舆论场已有官方媒体作为意见表达的主渠道,民间舆论场则选择了微博作为web2.0时代互通有无、宣示权益的主场。2011年开始的政务微博普及具有特殊的意义和价值,政务机构和公务人员到微博上主动设立自己面向公众的信息交流窗口。

  政务微博的开设是政府新媒体传播发展的一个里程碑。和政府网站单向传播相比,微博平台提供了更类似于"茶馆"一样的传播场景,把互动与意义分享作为传播活动的起点和终点,更容易打通两个舆论场之间的隔阂,形成共识。但是,很显然,还没有适应"可沟通"角色要求的政府部门如果在线下无法与公众顺畅沟通,在微博空间也很难有所作为。我们也看到,很多政务微博开通之后往往选择了回避政务信息的传播,顾左右而言他;甚至很多政务微博一直保持沉默,回避对社会问题的讨论。在我们看来,这正是政府长期在公众视野之外封闭行政带来的僵化后果,很多政府部门已经不习惯与自身所在的权力体系之外的社会力量进行有效的沟通,也无法掌握官方舆论场之外的话语表达方式和利益沟通技巧。因此,很多官员对于政务微博开设也往往采取"多一事不如少一事"的态度。政务微博的问题只不过是把政府沟通障碍予以视觉化和放大化;因此,必须将"可沟通能力"纳入政府治理能力现代化的核心指标体系之内,强调"可沟通"是政府治理现代化的核心目标之一。

  我们认为,政务微博跨越"数字鸿沟",需要在开通之后从以下几个方面着手培育和提高政府新媒体沟通能力和技巧。

（1）需要对目前做得好的政务微博进行跟踪和学习，逐步掌握微博沟通的话术和技巧。从对网络使用者能力的研究来看，网络沟通能力不是现实沟通能力在网络空间的简单复制与转移，而是一个逐步习得的过程。研究发现，博客运用比较好的，往往论坛使用较好；而微博运用好的，则是博客使用较好的。微博空间的沟通能力是网络用户经历论坛、博客、社交网络等等使用过程而积累形成；并且，用户之前影响力也对新的传播平台上的议程设置能力有较大影响。因此，对先行者、探索者经验的吸纳是新开设政务微博快速融入微博场域的一个必要阶段。我们的建议通常是这样的：政务微博团队需要先对新浪与腾讯微博中排名前十位的政务微博进行一个月的观摩与总结，研究其内容设置、发布时间、互动技巧、演化进程，尤其是涉及公共危机事件的微博表现等，并对其中好的做法予以复制、放大，形成自己的特色。这一"模仿创新"手法是产品设计的基本策略，对于政务微博快速提高沟通能力非常有效。

（2）开展线下的经验交流与沟通能力训练活动。部分政务微博目前已经形成了较好的线上交流，创新的经验得到较好扩散。但是，具体到一些敏感的操作，以及操作时的困惑还需要线下的交流沟通与碰撞。例如，浙江海盐开设了微博沙龙，定期召集政务微博工作团队和公务人员微博操作者，就当前政务微博关注的焦点问题进行讨论交流，积累了经验，同时提高了共识。线下的活动还包括主题辩论赛、角色扮演等活动，围绕近期主题进行，可以很好地演练舆论各方的思辨能力，提高微博空间面对面沟通能力。

此外，我们在长期调研中也发现了一个常见问题。很多官员因为对自己分管的领域了如指掌，在与公众沟通的时候就很自负，常常认为在和公众进行面对面沟通的时候不需要准备就可以直接进行。这其实是一种非常危险的做法，尤其是在公共危机事件发生后。在公共危机事件发生的时候，主管官员因为知道全部的信息，其做出的判断往往在其自己看来是完全没有问题的；但对于只了解部分信息的公众来说，只能依据有限的信息得出相应的的结论,并很可能因此形成与官员截然不同的感受。在这样的信息不均衡的沟通格局中,主管官员往往不能把全部的信息和盘托出,结果就是共识无法达成,冲突还有可能因为双方的不信任和情绪化而被加剧。因此,我们认为,一个官员通过政务微博平台和公众沟通交流,一定要考虑到公众的信息获取情况与对结果的感受,知道公众情绪的触发点所在。这些都是决定微博沟通是否能够成功达成共识的因素,而这些判断需要依托线下的调查工作来完成,以达到针对性的沟通,提高共识达成的可能性。

(3) 依托政务微博办实事,积累尽可能多的信任资源。很明显,政务微博仅仅在传播层面有所作为还是不够的,更重要的是能够解决实际问题,以看得见的政绩来赢得公众的支持与信任。以郑州市供销总社官方微博系列为例。这一系列以"@郑州供销"为主平台,包括"@西瓜办"、"@爱蜜乐"、"@欣阳柿子"等专门性的微博服务平台,通过微博互动宣传产品,促进了产品的网上销售,解决了很多农户的问题;而郑州供销总社的主任刘五一也开通官微"@刘五一"(截至2014年10月,粉丝数已经超过125万),经常与河南省文明办副主任赵云龙的微博"@赵云龙"(截至2014年10月,粉丝数已经超过21万)相互转发,为旗下各类产品打开销路而吆喝。同样的公务微博还有甘肃成县县委书记李祥。成县拥有50多万亩核桃园,人均核桃树达50多棵,卖核桃是当地农户最主要的收入来源。近几年,随着成县核桃产量的增加,如何卖出这些核桃,成了成县面临的首要难题。2013年6月李祥尝试微博卖核桃,他的官微"@成县李祥"在短短两个月不到粉丝涨到了7万;截至2014年10月,粉丝数超过了20万。随着李祥微博的走红,成县的众多官员也都纷纷开通了微博,开始加入"微博卖核桃"的行列,成县核桃也随之升温。其间,李祥还通过微博,邀请农业圈的微博达人及行业专家赴成县实地考察,共同探讨成立电商协会的必要性和可行性。2013年7月1日,全省首家农林产品电子商务协会在成县成立,第一批入会会员就达到1300多名。7月10日,陇南成县首批鲜核桃网络预售签约仪式正式举行。随后,成县的核桃可谓是一炮打响,除了成县核桃一直以来的主要销售地兰州之外,北京、上海、广州等一线城市,也加入了这个行列,成县核桃开始源源不断地通过网络走向全国各地①。

(4) 每周呈递给主要领导"微博舆情汇总",强调沟通与共识的价值取向与经验教训。在我国现有体制下,一把手对于危机传播管理起到决定性的作用。微博工作团队要充当一把手的"眼睛与耳朵",保证领导干部对于当下舆情格局有清晰的判断。所谓"聪明",即指耳聪目明,眼睛看得见、耳朵听得到、心里明白、清楚。当然,我们在调查中也遇到过一种情况:舆情报告也每周、甚至每天都送到了领导的案头,但每当遇到危机发生却看不到领导解决问题理念的革新。按照调研的情况来看,舆情报告虽然很重要,但是其中呈现的价值判断尤其重要。应该将把强调沟通与共识达成作为舆情判断的核心价值标准,而不是强调冲突与敌对。

3. 主动与意见领袖合作,共同推进焦点问题的妥善解决

法国社会学家勒庞认为,对大多数人来说,除了自己比较熟悉的领域之外,对领域外的大部分事情并没有做深入研究,在这个时候,"领导者"就成为他们的"引路人"。"领导者"之所以能够起到引领作用,主要基于"他们的学识和声望"。"世界上不管什么样的统治力量,无论它是观念还是人,其权力得到加强,主要都是利用了一种难以抗拒的力量,它的名称就是'名望'……对我们的看法、判断有神奇的支配力,我们服从'名望'时甚至毫无抗拒能力,充满敬畏"②。尽管后来的研究对于勒庞"乌合之众"的说法有很多不同看法,但我们不得不承认的是,在大众传播媒介与公众之间确实存在一个群体,对公众态度的改变明显要高过大众传播媒介,而这一群体就是"二级流程理论"发现的"意见领袖"。

---

① 参见《成县县委书记李祥微博推销核桃爆红网络》,《兰州晨报》2013年8月12日。
② 参见古斯塔夫·勒庞:《乌合之众——大众心理研究》,广西师范大学出版社2007年版,第124—127页。

何为意见领袖？最早是在20世纪40年代,传播学者拉扎斯菲尔德在《人民的选择》中提出了"意见领袖"这一概念。费斯克将其定义为"在将媒介讯息传给社会群体的过程中,那些扮演某种有影响力的中介角色者"①。而罗杰斯总结出了"意见领袖"的三个特征:观念领导者比追随者有更广阔的渠道接触大众媒体;观念领导者比追随者具有更开阔的眼光和世界观;相对于追随者而言,观念领导者与创新代理人有更多来往;同时,大众传播分为信息流和影响流,信息流即媒介信息的传播可以是一级的,它可以像人们感觉的那样直接到达受众,而影响流的传播则是多级的,要经过大大小小的'意见领袖'的中介才能抵达受众②。

新媒体时代,原有传统媒体生态被打破,"意见领袖"话语权发挥进入一个全新的阶段。互联网技术本质上是以个人为中心的传播技术,具有天然的反中心取向③。然而,研究发现,微博时代的意见领袖影响力却有增强的趋势④。这是由于网络传递信息门槛低以及网络空间信息的高度碎片化,海量信息往往使得网民无所适从、无法甄别信息的意义与价值,最终导致网民对"意见领袖"的依赖反而更为明显⑤。

基于网络传播空间权力分配机制的新形态,意见领袖也成为"新型意见领袖"。研究者发现,有两个因素在每一起网络群体性事件中都发挥作用:一个是传统媒体与新媒体互动,另一个就是意见领袖们的作用⑥。也就是说,意见领袖的影响是构成网络舆论的充分条件,某一社

---

① 约翰·费斯克等编撰:《关键概念:传播与文化研究辞典》,新华出版社2004年版,第192页。
② 参见埃弗雷特·M.罗杰斯:《创新的扩散》,中央编译出版社2002年版,第277页。
③ 李良荣、张莹:《新意见领袖论——"新传播革命"研究之四》,《现代传播》2012年第6期。
④ 参见李彪:《微博意见领袖群体"肖像素描"——以40个微博事件中的意见领袖为例》,《新闻记者》2012年第9期。
⑤ 参见郑金雄:《公共事件传播中意见领袖角色分析》,《中国政法大学学报》2014年第3期。
⑥ 李良荣、张莹:《新意见领袖论——"新传播革命"研究之四》,《现代传播》2012年第6期。

会现象最终是否能够演变为舆论客体,很多时候有赖于"意见领袖"对于舆论的发动。动辄几百万、上千万的粉丝量强化了意见领袖的传播力;同时,微博意见领袖越来越具有媒体的属性,承载着信息源、信息桥和意见提供者等多种属性;同时,新意见领袖群体"具有的强大的社会动员力量,构成中国社会一个新的权力层"①。从传播学角度看,微博这一高度互动的传播系统已经无法区分来源与受众了,信息的创新扩散过程是通过关系散播的,要实现有效传播就必须发现意见领袖、中心人物,从网络中找到中心节点②。

有研究认为,微博意见领袖群体崛起正是政府失灵的结果;同时,微博意见领袖正逐渐成长为治理政府失灵的重要力量:微博意见领袖与政府在突发公共事件治理中的交互作用,是制约政府能否妥善处置事件的关键③。沿着国家治理体系与治理能力现代化的思路来看,官方舆论场和民间舆论场的分化,其实是政府权力部门与新型意见领袖之间的分化,是"再中心化"后的现实社会权力关系重构。这也意味着"全能政府"行政模式的现实基础的消解。政府治理能力的现代化意味着政府需要和民间舆论场的治理主体共同完成促进社会发展的使命。因此,政府与意见领袖之间的合作就不可避免地成为政府新媒体传播的一个重要内容。当然,这种合作是基于治理主体之间的相互尊重、沟通交流、利益协商,而非简单地借道意见领袖实现政府自身权力目标。尊重意见领袖,甚至可以智库的方式来作为意见领袖政治参与渠道,将化解双方可能存在的对立、紧张关系,为解决当代中国社会发展面临的核心问题共同发挥智慧。

---

① 李良荣、张莹:《新意见领袖论——"新传播革命"研究之四》,《现代传播》2012年第6期。
② 参见李彪:《微博意见领袖群体"肖像素描"——以40个微博事件中的意见领袖为例》,《新闻记者》2012年第9期。
③ 参见汝绪华:《微博意见领袖场域下突发公共事件治理的政府失灵研究》,《河南大学学报·社会科学版》2013年第5期。

4. 与新媒体平台合作，扩大政府公共传播空间

1999年开启的政府上网工程是政府致力于打造属于自身的电子政务平台和网络问政平台。但是，很显然，技术与商业双轮驱动下的新媒体产业拥有更为深厚的渗透力，并形成庞大的用户池。政府需要与这些拥有大量用户资源的新媒体平台合作，借助这些平台构建起来的社会关系网络和信息传播通道，直通民间舆论场。以政务微博为例，截至2013年年底，新浪、腾讯、人民网与新华网上的政务微博客账号数量超过25万个①。而根据新浪与腾讯发布的数据来看，截至2013年11月，新浪微博平台上有政务微博87 208个，而腾讯微博平台上的则超过了16万个。这也就意味着新华网与人民网这两个官方舆论场的核心平台上的政务数量相对较少。当然，这也符合我们之前的基本判断，即政务微博是官方机构和公务人员深入民间舆论场积极沟通的表现。

案例四　会理县悬浮照事件：政务微博互动模式的探索

2011年6月16日，一篇题为《会理县高标准建设通乡公路》的图片新闻，出现在凉山州会理县人民政府官方网站上。因原图有"光照、角度、背景杂乱等问题"，网站美编孙正东用电脑软件对照片做了拼接、修改，即对照片进行了所谓的"PS"处理。在照片中，县领导们被"悬浮"在一条公路的上空"检查新建成的通乡公路"（参见图4-5）。6月26日，天涯社区一则名为《太假了，我县的宣传图片》的爆料帖，曝出该新闻中的配图是人为PS将官员放到了公路上面。这一爆料成为"悬浮照"舆情事件的导火索，迅速引发了网民"PS大赛"，涉事的三位县领导被以"会理三杰"的名头PS到世界各地，四川会理县也因此成为全

---

① 参见国家行政学院电子政务研究中心：《2013年我国政务微博客评估报告》，2014年4月8日。

国公众关注的焦点,BBC甚至也对此做了报道。由此而引发的对政府网站PS照片的"围剿"也迅速展开。会理县的这张照片被称为"悬浮一代","悬浮二代"和"悬浮三代"也很快被找到:山西寿阳县政府网站和沁源县政府网站上又都被爆出"PS"照,照片都是经过后期制作。

图4-5 会理悬浮照事件中的PS照片

事情发生的时机很不凑巧。6月26日晚上之前,会理县全县的头等大事是一项于6月28日晚举行的拳击比赛:中国·会理"昆鹏杯"WBC(世界拳击理事会)洲际拳王金腰带争霸赛。这是WBC首次在中国县级城市举办,也被主办方声称是中国迄今为止举办的规模最大、参赛国家最多的一场国际职业拳击赛事。会理县宣传部门的主要精力正集中于这项国际赛事的相关信息发布事务上,该赛事被认为是会理面向世界宣传自己的一次重大机遇。参赛选手来自中国、美国、南非、泰国、菲律宾、阿根廷、新西兰、日本等多个国家,国内外多家媒体也同时齐聚会理。

在这一背景下,"悬浮照事件"的舆情处理全权委托给了外宣办副主任张永志。在媒体沟通方面,6月27日接受《潇湘晨报》采访时,会理当地政府部门主动承认错误,并认为"网友的质疑是对的,我们的工作存在问题"。27日下午17点20分在天涯社区的爆料帖后面挂出会理政府的道歉信;18点58分在新浪微博开通"四川省会理县政府"(加V认证)与"会理县孙正东"(未加V认证)的微博;同时,会理县在其官方网站上挂出了一份名为《向网络媒体、各位网友致歉信》的致歉信(但因为外部无法访问看不到)。

在"@四川省会理县政府"和"@会理县孙正东"两个微博的配合下,"悬浮照事件"中的议程主题经历了致歉、声明、证明的危机化解之后,并在6月29日晚18点左右转化为对会理县历史风物的传播,化危为机,放大了会理县的舆情沟通效果。在这一过程中,"肇事者""会理县孙正东"表现异常抢眼,给公众留下深刻印象。他先是通过微博及时致歉,然后参与网友PS运动的作品评选,语言风趣幽默,充满智慧,最终把网民对"悬浮照"的关注转移到了对会理风物与旅游的讨论。在此过程中,他不但不掩饰错误,还不断自嘲,称"本人近段时间,将闭门苦练PS技术,欢迎大家指导"。在"孙正东"的努力下,一件原本可能影响当地形象的负面事件转化为宣传会理县的良性事件,以至于有网友质疑说他"是故意的"。

"孙正东"的这一表现赢得了中央电视台著名记者张泉灵的高度评价:"PS事件既展示了会理县应对网络事件的态度和能力,又涌现出情商智商双高的孙正东同学。我几乎要认为这是最近最成功的网络公关事件了"。人民网舆情频道"2011第2季度地方应对网络舆情推荐榜"也将该事件的网络舆情应对能力列为本季度榜首;而且,从全年榜单得分来看,该案例也位居第一位。

对会理"悬浮照"事件的舆情演化过程考察发现,官方微博与个人微博各有侧重。在最初的声明与证明阶段,"@四川省会理县政府"的微博影响力较大,特别是贴出原图的一条微博,转发达到17 481条,评论达到8 224条。但是在转变议题、介绍会理历史风物的微博比较中,"孙正东"的微博明显具有更大影响力:孙正东该微博被转发12 663

条,评论4 302条(见图4-6)。据我们的抽样来看,评论几乎是一边倒的赞扬;而政府微博的同类内容转发只有392条,评论也只有319条,影响力要小得多。正是官方微博与个人化微博的相互配合,使得会理县在处理这起类似"华南虎照"的网络舆情事件过程中如鱼得水。不过,如果没有"孙正东"这一角色的出场,这起网络舆情沟通事件可能仅仅停留在辟谣和声明层面,无法形成后来宣传会理的良好效果。

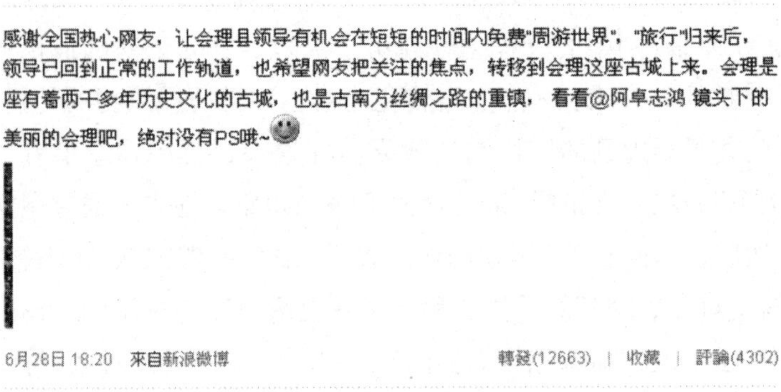

> 感谢全国热心网友,让会理县领导有机会在短短的时间内免费"周游世界","旅行"归来后,领导已回到正常的工作轨道,也希望网友把关注的焦点,转移到会理这座古城上来。会理是座有着两千多年历史文化的古城,也是古南方丝绸之路的重镇,看看@阿卓志鸿 镜头下的美丽的会理吧,绝对没有PS哦~ 😊
>
> 6月28日 18:20 来自新浪微博　　　　轉發(12663) ｜ 收藏 ｜ 評論(4302)

图4-6　"@会理县孙正东"发布的经典微博

　　如此情智双高的"孙正东"引起了我们的关注。通常,这样优秀的网络沟通高手会被当作先进经验大使,到各地传经送宝,把沟通心得发扬光大。但接下来的情况却大大出乎意料。7月14日,"@会理县孙正东"新浪微博发言声称:"其实我不在会理县,更不是孙正东,那次美丽的巧合,我冒名说了个自认为善意的谎言。感谢大家这段时间的开心互动,或许正因有了不满和批判、宽容与谅解,才让微博的声音显得如此动听"。到了7月19日,事情又出现了新动向。该微博声明:"这个差点被遗弃的ID终于名正言顺找到了它真正的主银,感谢还有这么多人不离不弃,接下来的以后,有请真正的正东兄出场～～各位,再见～"。事情发展到这里,作为观察者的我们才明白,所谓的不加V的"@会理县孙正东"原来并非那个会理政府网站的美编,而是另有其人,很可能是一个专业的操作团队。但是,即便如此,能够留下如此宝贵的网络沟通经验也算不枉网友一番关注。可是,事情到了这里还没有结束。紧接着,"@会理县孙正东"的新浪微博忽然消失了。因为研究需要,笔者对他的微博地址做了记录,但是按照原来的微博地址(http://weibo.com/sunzhengdong)查找,却发现微博更名为"新款马甲",博主信息也由会理更换为厦门,介绍变成了"大龄折腾女青年"。情智双高的会理县孙正东悄无声息中不见了!更让人惋惜的是,原来"@会理县孙正东"关于"悬浮照"事件所发表的相关沟通微博也被全部删掉。这一被网民盛赞的微博平台彻底完成了"去孙正东化"的过程。

这背后发生了什么事情,我们不得而知。但是,很显然,"@会理县孙正东",这一具有标志性意义与积极价值导向的沟通平台最后没有成为政府网络舆情沟通能力发展的里程碑,反而更像是一座助人过河之后被拆掉的桥。其实,我们所关注的并非孙正东本人在微博上的去留,那是他个人的自由。我们所关注的只是,为什么"会理县孙正东"这样的"微博沟通榜样"没有机会去影响更多的政务微博,甚至连自身都难保?这样的一个结果表明,政府官方微博在危机发生时刻的沟通经验并没有很好地总结,更没有得到很好的扩散,甚至作为亮点的个人化微博干脆直接退出微博沟通舞台。这种以短期利益为目标的功利性沟通策略常常会导致网民投入的信任出现消退。同类经验在运用到类似事件时,其有效性也将大大降低。

不过,这一案例也给政府公共传播留下了可资借鉴的宝贵经验。

(1)官方微博与个人微博互动,权威性与灵活性相结合,创造人性化、灵活性的沟通环境,高效率地建立起了信任。我们认为,网络群体性事件的舆情处理过程中,首要任务是构建起沟通双方的信任;否则,无论多么精致和专业的沟通设计都很有可能被当作诡辩。在这一事件当中,"@会理县孙正东"的微博无论在转发量与评论量上都要远远高于会理政府官方微博;而且,在评论中,喝彩声几乎都给了个人化的微博。可以说,和以往网络沟通相比,正是因为有"当事人"个人化的微博沟通,才有了网民的快速认同和信任的建立。"@会理县孙正东"这一微博的设立正是这一事件过程中最大的亮点。但是,从 2011 年下半年以来的情况来看,各地"发布"之类的官方微博大规模涌现,但公务人员的微博却相对滞后。政府机构官方微博类发布强调权威性,但公务人员的个人微博具有更多灵活性和人际间的沟通空间。因此,在政府发布类官方微博大批上线的同时,"@会理县孙正东"的微博传播经验也应该被被放大,而不能让政务人员的微博表现出"去孙正东化"的趋势。

(2) 意见领袖的引入。当危机事件发生之后,网络意见领袖的影响力非常重要。在"悬浮照事件"舆情处理过程中,会理县政府官方微博连续转发了《人民日报》高级编辑詹国枢在新浪微博发布的关于"会理现象"的系列微博。詹国枢作为意见领袖,不仅具有良好的政治背景(来自《人民日报》),而且还具有较高的网络影响力(有超过 3 万多的粉丝)。由这样的一位意见领袖作为第三方来对会理现象进行总结,然后再由官方微博进行转发,对于引导整个事件的舆论评价非常有效。同时,会理县官方微博也转发了中央电视台记者张泉灵对会理事件的整体性评价,对于舆情基调的确定也提供了较好基础。

(3) 议程设定的时间节点要多次尝试,反复沟通,以确定效果产生的最佳时机。会理县孙正东的微博在开通的第二天早上 8 点 45 分就已经开始着手转换议程,但转发和评论都保持在两位数,网络反应平平。直到第二天夜晚 18 点 20 分,内容接近的帖子才被民意接受,并被转发超过 12 000 次,评论超过 4 000 次。这表明,议程的转换需要等待时机,网络舆情所聚合的能量也需要一个适度释放的过程。从该案例的情况来看,24 小时是一个舆情处理的时间节点,经过这样长度的演化,相应的新议题才能被网民较高程度地接受。我们对上述标志性微博的评论内容做了一些抽样分析,发现网民对这一议程转换的评价高度一致,几乎没有负面的声音。

(4) 专业机构介入危机沟通的合作模式需要规范。从后来的情况来看,会理县"悬浮照事件"的舆情处理很有可能是政府部门借助专业人士或者专业机构的力量来完成的。从这次的沟通过程来看,因为专业力量不属于政府部门直接管辖,在沟通的过程中自主性较高,表现出较高的灵活性以及沟通的策略性。在事情告一段落之后,这一原本具有政府公共传播里程碑标志意义的沟通平台最后还是回到了幕后操作者手中,并全面消除了"@会理县孙正东"的网络痕迹(除了与微博对应的网址无法消除)。这不能不说是一种合作的遗憾。如何更合理地进行合作,使得专业力量更好地服务于政府的危机公关,这是一个值得进一步研究的问题。

(5)政务微博沟通的先进经验应该得到放大,而不是让通过试错获得的宝贵经验流失。先进经验应该成为政府公共传播的指向标,将政府新媒体传播中对核心问题回应的重要经验尽可能扩散,有助于各级政府部门高效率解决同类问题。从这一重意义来看,"@会理县孙正东"的价值远没有被重视和挖掘。

第五章
网络群体性事件中的政府公共传播创新[①]

就中国的情况来看,网络群体性事件已经成为当代中国群体性事件发展的新形态。这是现实政治与网络政治之间的关系所决定的。相关研究发现,网上政治的发达程度与网下政治的发达程度呈现反比例关系:网下政治发达程度较低的国家,行为者寻找可替代性方案的冲动尤为强烈,由此导致了网上政治与网下政治的互动。网下政治发育程度较高的国家,利益表达、汇集、处理、评估、反馈有着良好的政治制度安排,网络政治主要视为一种补充性力量[②]。在这一波澜壮阔的时代背景下,我们该如何认识网络群体性事件的价值呢?相关调查数据显示,网络群体性事件起到正向作用的占66%,中性的占24%,负面的仅占10%[③]。同时,新媒体时代的政府公共传播所遭遇的问题也是前所未有的,是社会冲突在公共传播层面的聚焦与放大,并具体表现为官方舆论场与民间舆论场对于议程主导权的竞争。因此,我们将以网络群体性事件作为研究新媒体时代政府公共传播创新的一个样本来进行分析,以期窥得通往政府治理能力现代化道路的方向所在。

---

① 本章部分内容为朱春阳与赵高辉合作完成。
② 刘建军、沈逸:《网络政治形态:国际比较与中国意义》,《晋阳学刊》2013年第4期。
③ 参见钟瑛、余秀才:《1998—2009重大网络舆论事件及其传播特征探析》,《新闻与传播研究》2010年第4期。

第五章　网络群体性事件中的政府公共传播创新

第一节　网络群体性事件：新媒体时代政府公共传播研究的样本

政府公共传播运行机制是一个与现实传播格局对应并经过互动而不断演化的系统，不同传播格局需要不同的政府公共传播运行机制。媒体融合时代，新的传播格局将改变既有公共传播运行机制。我国现有政府传播运行机制是对应于原有传统媒体传播格局的系统，即通过产权国有、行业垄断与区域垄断、行政化管理方式、内容审读等来保证政治力量对新闻传播话语权的绝对掌控，进而专享议程设置权力，为施政纲领的实施提供优化的舆论环境。与这一公共传播运行机制对应的大众传播体系表现出媒介形态分立、行业边界与行政区域边界十分清晰、新闻传播系统作为行政体系的一部分参与社会活动等特征。然而，媒体融合改变了既有传播格局，对已有政府公共传播运行机制所设定的传播机构、传播方式、传播目标和传播效果评估机制都产生了重大影响。媒体融合带来了媒介形态与产业边界的模糊，使得大众传播活动在一个跨形态、跨区域的复合社会空间内进行。这一变化消解了基于行业与区域垄断的现有政府传播话语权掌控机制的既有基础。同时，基于新传播技术而形成传播权力的去中心化趋势，公共领域中议程设置过程的实现已经成为一个由政府"独白"转向与多社会治理主体"对话"的协商沟通过程，即它是各传播主体综合素质与能力全面竞争的过程，而不再是从属于行政体系的国家传播机构的专属行为。技术融合和产业融合使得政府公共传播运行机制创新势在必行，即政府需要从原来的议程设置"管理者"身份转变为"治理者"角色。这要求政府公共传播中话语权的获得必须建立在各个治理主体高度协作、相互竞争的基础上，以适应变化了的社会结构、传播技术和经济条件带来的议程设置能力改造的新要求。因此，政府公共传播机制需要从"独白"转向"对话"：由政府独享议程设置权力的"独白宣教"转向行政力量和社会性规制力量之间的"对话沟通、效率竞争"。

在这一过程中,网络群体性事件的连续爆发不断纠正政府公共传播运行机制与现实传播格局之间的偏差,并因此成为我们研究这一变化过程的标志性样本。群体性事件,一般是指在我国社会转型期由人民内部矛盾引起的,一定数量(一般在 10 人及 10 人以上)的群众参与实施的,采取罢工、罢课以及游行、示威、静坐、上访请愿、聚众围堵、阻断交通、械斗等方式,造成一定社会影响、危害社会公共安全、干扰社会正常秩序、有一定社会危害性、必须及时采取紧急措施予以处置的各种群体行为①。就我国目前的群体性事件性质而言,常常被认为"一般属于集体行为或集体行动的阶段,不属于社会运动或革命的范畴"②。尽管如此,就群体性事件发生频次的增长速度来看,数字却是怵目惊心的。如第二章中已提到的相关统计数据显示,我国群体性事件从 1994 年的 1 万起增加到 2004 年的 7.4 万起,10 年间增长了 6 倍;2011 年,群体性事件数量更是比 2006 年翻了 1 倍之多,超过 18 万起;到 2012 年,我国群体性事件发生数量出现了爆发式增长,达到 25 万起③。其实,"无论政府还是公众,没人爱折腾。大规模群体性事件的出现,多半是因为缺乏制度性的对话机制而造成的诉求非制度性表达"④。而据《法治蓝皮书:中国法治发展报告(2009)》的调研显示,当前我国群体性事件的发生存在六大诱因:地方政府与民夺利,社会贫富差距拉大,社会心理及社会舆论对分配不公、不正当致富表现出的强烈不满,普通公众经济利益和民主权利受到侵犯,个人无法找到协商机制和利益维护机制,社会管理方式与社会主义市场经济及人民群众日益增长的民主意识不适应;其中,地方政府与民争利的因素占据了 70% 以上的比例,

---

① 代玉启:《群体性事件演化机理分析》,《政治学研究》2012 年第 6 期。
② 代玉启:《群体性事件演化机理分析》,《政治学研究》2012 年第 6 期。
③ 数据来源:中国法制网舆情监测中心:《2012 年群体性事件研究报告》,转引自钟云华、余素梅、喻丽霞:《网络舆情在群体性事件中的作用分析》,《长沙大学学报》2013 年第 11 月。
④ 刘瑜:《群体性事件:授之以鱼不如授之以渔》,《南方周末》,2009 年 8 月 6 日。

被认为是群体性事件爆发的"罪魁祸首"①。如果把上述两个观点结合在一起来解释群体性事件的深层原因,那就是地方政府与民争利是直接诱因,而涉事民众因为缺乏制度性的对话沟通机制而被迫采取群体性事件这一非制度性的方式实现自身的利益诉求宣示。因此,群体性事件作为中国当代社会利益博弈的极端方式,是社会情感之结的破坏性消解手段。群体性事件中的群体性并不表现为组织的有机性与严密性,而是"一种共同的抱怨、共同的情感失落、共同的利益损失、共同的发泄、共同寻找应有的社会位置、共同发出引起社会注意的声音"②。也正因为这一社会心理共同特征,群体性事件被认为属于公共危机。很显然,这一公共危机的诱发与扩散都与一个政府是否"可沟通"息息相关。一个事前不沟通的政府往往迅速丧失了公众的信任,而事中的"不可沟通"将会进一步激化矛盾冲突,形成"助燃剂",扩大群体性事件的参与群体规模和卷入地域空间。

　　考察当前政府对于群体性事件的处理思路,我们则发现和刘少奇在1950年代的调查发现几乎如出一辙:"我们一些领导干部,没有闹起来时不理,闹起来以后又惊惶失措,一惊惶失措就采取压制的办法。这是不能解决问题的"③。当然,还有另外一种情况,就是不闹起来无人理睬;一旦闹大了,涉事地方政府迫于社会压力和前程考虑,只好对群体所有诉求照单兑付。其实,西方国家在现代化过程中也曾经历过集体行动、社会运动高发的年代。多年来,这些国家逐渐摸索出应对、处置集体行动和社会运动的一般原则和策略,与上述我国地方政府只能在妥协和压制两种策略之间做刚性选择相比,其策略的柔韧性要好很多。单光鼐对此总结为:从微观情景看,执政者化解社会冲突和社会抗

---

① 转引自《2008年群体性事件震动中国 与民争利是"罪魁祸首"》,《法治与社会》2009年第1期。
② 参见单飞跃、高景芳:《群体性事件成因的社会物理学解释:社会燃烧理论的引入》,《上海财经大学学报》2010年第6期。
③ 参见《刘少奇选集》(下卷),人民出版社1985年版,第307页。

议的要点在于"在介乎'妥协'和'压制'之间的灰色地带中拿捏的尺寸",尤其强调了领导人在事件第一现场的沟通作用和信息及时公开、滚动发布的重要性①。

互联网等新媒体作为民间舆论场的核心平台,对群体性事件的影响也日益显著。从2008年到2011年,网络群体性事件发生网上网下连接的几率由6%增长到25%,网络事件更多地从网上走向网下。这一方面表明,网络群体性事件更多地与现实的利益和问题相联系;另一方面也表明,信息技术的发展极大地改变了网络群体性事件的运行机制,使其呈现出虚拟与现实交织的复杂性②。群体性事件的线下行动和线上声援、围观极大地复杂化了事件的进程和演化,进而使得地方化、区域性、利益诉求的群体性事件因为互联网的介入而变成全国性(甚至全球性)、脱域化和价值诉求的群体性事件,并形成群体性事件的新类型,即我们本章研究的对象:网络群体性事件。结合前人研究,我们将网络群体性事件界定为:在互联网上由某一网络热点话题引起众多网民在短期内广泛关注、广泛参与,引发网络负面舆论或不稳定因素的网上集群行为。有研究者认为,网络群体性事件与传统群体性事件的不同之处在于:①从表现形式看,网络群体性事件以网络动员、人肉搜索、网络恶搞、网络抗争、网络签名、网络结社、网络祭奠等形式出现;②从作用对象看,网络群体性事件主要围绕社会公平、公正、法制、民主等议题展开;③从特征看,网络群体性事件表现出主体的不确定性、爆发的瞬间性、参与的广泛性、能量的聚合性、管理的不可控性等特征③。

"社会管理得好不好,不在于是否存在矛盾冲突,而在于能否很好地容纳和化解矛盾冲突"④。因此,作为官方舆论场主体的政府,如何

---

① 参见《处置群体性事件的学问》,《瞭望》2008年第36期。
② 翁铁慧:《网络群体性事件与政府执政能力提升》,《中共中央党校学报》2013年第1期。
③ 参见雷晓艳:《风险社会视域下的网络群体性事件:概念、成因及应对》,《北方工业大学学报·社会科学版》2013年第8期。
④ 张铁:《乌坎转机:提示我们什么》,《人民日报》2011年12月22日。

在网络群体性事件中设置议程,与民间舆论场形成有效互动、推动问题妥善解决,是本章我们要研究的核心问题。

第二节 网络群体性事件的政府议程演化与存在问题

一、网络群体性事件的演化机制

在西方学者的学术语境中,对群体性事件的表述一般使用"集体行动"(collective action)的概念,我国有学者将其译作"聚合行为"、"集合行为"、"集群行为"或"群动"等。与网络群体性事件比较接近的是"网络冲突",即指实体空间存在的冲突在网络上的集中体现。从政治社会学的角度讲,网络冲突是为了影响或挑战公共舆论,实现某种利益诉求而进行的网络较量[①]。从国内的研究来看,杜骏飞认为,网络群体性事件的实质是虚拟网络中的群体出于各自的动机,通过网络聚合的模式从一个主题发挥言论来形成社会的舆论和社会行为的散播行为[②]。通常,网络群体性事件大致被分为三类:①网络诱致的群体性事件。在这类网络群体性事件中互联网不仅承担网络群体性事件传播动员的载体功能,而且是网络群体性事件的诱发因素。②影响主要在互联网虚拟世界的网络群体性事件。此类事件发生于网络也消亡于网络,对现实世界并没有产生过多的干扰。③网上网下互动的网络群体性事件。在网络放大器和动员器的作用下,现实事件被不断放大,网民从网上走向网下,从网络上的聚集到现实空间的集体行动[③]。我们这里讨论的所谓"网络群体性事件"主要是指上述的第三类事件。

[①] 转引自雷晓艳:《风险社会视域下的网络群体性事件:概念、成因及应对》,《北方工业大学学报·社会科学版》2013年第8期。
[②] 参见杜骏飞:《网络群体事件的类型辨析》,《国际新闻界》,2009年第7期。
[③] 参见张佳慧、陈强:《社会燃烧理论视角下网络群体性事件发生的研究》,《电子政务》2012年第7期。

就网络群体性事件的演化机制而言,此类群体性事件以网络这一载体为组织和动员的工具和平台,可以分为动员型和自发型①。其中,动员型通常是某些资深网民或议程设置者就某些议题连续、大范围、多网络发帖,并寻求通过签名、转载以及具体网络聚合平台进行组织和动员。自发型网络群体性事件是指某个信息或现象在网络平台上发布后,广大网民自发点击、跟帖、转载、评论等造成了该事件热门化和聚焦化。自发型事件可能的效应、能量范围等通常是不确定、不可预测的。就网络群体性事件演化而言,与当前我国网络政治形态相伴随的网络意见"焦点循环"特征已经成为此类事件不断发作而扩散的重要动因。"焦点循环"是指网民针对某个焦点事件的爆炸式意见因为政府的回应而得到化解,使网民感受到了网络政治快速便捷的实效。这一实效又是刺激下一轮焦点事件出笼的直接动力。制造循环不断的焦点公共事件已经成为中国网络政治的"基因"②。"焦点循环"特征已经成为"左右中国网民政治心理的中轴线",循环往复的焦点事件宛如"网络政治中的调味品"③。这一动力机制的形成意味着前期网络群体性事件处置不当的负面效应已经逐步凸显出来,并对后续处理原则与手段都带来更高程度的挑战。同时,考虑到我国现实政治和网络政治给予公众政治参与机会的严重反差,网络又被当作公民维护自身权益免于受到权力暗箱操作侵害的首选武器,并进一步演化为常规性的非制度性沟通方式。上述特征正改变着我国群体性事件的生成机制,脱离于网络影响力的群体性事件几乎很难见到,线上与线下的互动声援、围观支持,使得网络群体性事件绝不仅仅是网络空间的群体聚合,而是直接与线下群体活动浑然一体的事件复合体。如何才能处置好爆发日益频繁的网络群体性事件,正考验着政府的智慧和社会的耐心。

---

① 方付建、王国华:《现实群体性事件与网络群体性事件比较》,《岭南学刊》2010年第2期。
② 刘建军、沈逸:《网络政治形态:国际比较与中国意义》,《晋阳学刊》2013年第4期。
③ 刘建军、沈逸:《网络政治形态:国际比较与中国意义》,《晋阳学刊》2013年第4期。

二、网络群体性事件中的政府议程管理的问题

就突发危机事件的议程设置而言,黄旦与钱进对我国媒体突发性事件报道历史考察后认为,我国大众传媒的突发性事件报道经历了"抗灾动员"、"如实报道"、"如实报道"和"抗灾动员"相结合的阶段后;以2003年SARS事件为分水岭,到了"议程设置与危机传播阶段"。2003年新闻发言人制度建立,同时对于突发性事件的报道出现了两种新的建议:先发制人,政府掌握信息发布的主动权,率先公布事件的有关情况以引导舆论。二是用危机传播的概念规范政府关于突发性信息的发布和处置①。在政策层面上,中共十六届四中全会通过的《中共中央关于加强党的执政能力建设的决定》中明确要求:"增强引导舆论的本领,掌握舆论工作的主动权"、"重视对社会热点问题的引导,积极开展舆论监督,完善新闻发布制度和重大突发事件新闻报道快速反应机制"、"高度重视互联网等新型传媒对社会舆论的影响"、"努力探索新方式新方法,加强和改进思想政治工作"②。放眼国际,美国白宫前传播顾问大卫·哲根认为:"要成功进行统治,政府必须确定议程,而不能让媒体来为它确定议程";"管理媒体已成为成功的政治统治的重要部分,从市政厅到白宫,从基层的社会运动到庞大预算的利益组织,都是如此。"③然而,从我国各级政府部门对网络群体性事件中议程介入与设置的情况来看,却不容乐观。

(1)作为官方媒体的传统媒体无论是在"话术"、还是在传播策略上都显得与网络舆情的信息格局格格不入。

话术方面,传统媒体在报道网络群体性事件时,往往使用"煽动"、"不明真相"、"不法分子"、"恶性势力团伙成员"、"刁民"等字眼,直接站

---

① 黄旦、钱进:《控制与管理:从"抗灾动员"、"议程设置"到"危机传播"》,《当代传播》,2010年6月。
② 《中共中央关于加强党的执政能力建设的决定》(单行本),人民出版社2004年版。
③ W·兰斯·班尼特:《新闻:政治的幻像》,当代中国出版社2005年版,第183页。

在了公众的"对立面",塑造了政府与公众之间以对抗为主流的话语关系框架,并最终导致冲突的不断升级。不过,从近年来的情况看,官方媒体的话术也有了一些改善。例如,2008年贵州"瓮安事件"发生后,对于敏感事件的报道,新闻媒体不再执行"不准报道群体事件,或者报道要经过批准"的禁令①;2009年云南省委宣传部要求新闻媒体禁用"刁民"、"恶势力"等称谓报道群体性事件,也不得随意用"不明真相"、"别有用心"、"一小撮"等话语形容群众②。

在议程设置方式上,当网络群体性事件发生时,我国传统媒体发展出规律而严格的"报道合作框架"。大致包括以下三类情况③:①"齐奏"型:为了进行舆论引导,所有的媒体报道都使用相同的新闻文章或评论。如中国官方通讯社新华社就事件发布一篇新闻报道,这篇报道将在未经修改的情况下由所有媒体刊登。②"共鸣"型:大众传播媒介需要适应由政府提出的主旋律,所有媒体主题相同、角度不同地报道网络群体性事件,众多媒体机构参与构建舆论导向,但就如何呈现这一事件具有一定的自由度。③自由发挥型:即各种新闻媒体与主旋律之间虽然有广泛的一致性,但政府没有对个别媒体进行严格控制,在"确定报道什么"和"如何报道"上有很大的自由度。从具体的实践效果来看,上述三类大众传播策略比较适合前互联网时代的舆情格局,通过官方媒体铺天盖地地传播官方声音,以期形成压倒性的舆论格局。但是,在网络群体性事件中,这一简单、粗糙的策略很可能激起公众更强有力的反弹,而很难针对性地消除民间舆论场的疑虑和不信任。

(2) 政府在网络群体性事件公共议程管理上存在明显的误区和能力的缺陷。

---

① 参见董天策、钟丹:《当前群体性事件报道的回顾与反思》,《南京社会科学》2010年第3期。
② 参见《云南宣传部发通知禁用"刁民"等称谓》,《文汇报》2009年9月2日。
③ 参见吴小君、张丽、龚捷:《从网络热点到网络群体性事件的舆论转化机制》,《现代传播》2012年第11期。

我国政府宣传经验被毛泽东主席概括为"新闻、旧闻、无闻"的"三闻"原则。但是这一原则有一个最重要的前提条件，就是政府对传播媒介的全面掌控。网络的出现催生了传播权力的去中心化和再中心化趋势。而在这一过程中，与民间舆论场在互联网空间的快速崛起相比，政府新媒体传播能力演化明显存在"数字鸿沟"效应，对网络群体性事件公共议程设置权力的竞争表现出了不适；同时，政府在治理网络群体性事件中出现的议程规制误区也较突出。如前文所述，研究者何舟、陈先红结合实际案例对公共危机的政府传播归纳出封闭控制、单向宣教和双向互动三种模式；与之相对应的是，公共危机传播的民间模式为揭露模式、抵触模式和肯定补充模式[①]。也有研究者将这其中主要问题形象地概括为"躲"、"堵"、"拖"、"掩"四大类[②]。具体而言包括：①躲：政府失语，使网络舆论处于"无政府状态"；"政府失语"主要表现形式是，针对事发的网络群体性事件，相关政府部门未作出正式的公开辟谣和声明。②堵：政府禁语，忽视了网络"公共能量场"的作用。③拖：政府后语，缺乏沟通的单向"独自式对话"。④掩：政府妄语，误导"一些人的对话"。上述情况的出现，从国家治理的角度来考察，很显然是"社会管理"的理念遭遇到了"社会治理"才能解决的社会发展问题，正经历着现代化阵痛的现实中国则因为社会日益复杂化而不断消解一个全能型政府的正面信息。面向未来，一个"有限政府"的打造，必然需要"治理理念"来指导政府如何与多社会治理主体之间平等沟通、分享传播权力、建立起最基本的社会信任关系。

三、对网络群体性事件中政府议程管理创新的反思

关于如何实现议程管理的创新方面，已经有很多建议。例如，许

---

① 参见何舟、陈先红：《双重话语空间：公共危机传播中的中国官方与非官方话语互动模式研究》，《国际新闻界》2010年第8期。

② 参见刘春湘、姜耀辉：《政府治理网络群体性事件的话语误区与策略》，《湖南师范大学社会科学学报》2012年第1期。

多研究都提出了政府应该主动为媒体设置议程。事实上,习惯了自说自话的政府传播系统已经不习惯与公众主动沟通,即便是通过传统媒体也效果不佳。在网络群体性事件发生发展过程中,政府往往已经疲于奔命于网络不断出现的议题,无暇也无能力引导和转移网络议题以及公众的关注焦点。公众的声音一旦形成力量,其扩散的速度往往比政府的决策和行动要快得多。也有研究者建议要构建主流舆论空间,但很显然,如果这一舆论场与民间舆论场无法融合为一体,而是独立存在于政府自身的传播空间,其效果几乎可以忽略,只是政府部门循环论证的自我安慰而已。唯有基于打通两个舆论场,以消除误解、共识达成为目标的政府议程设置才可能是有效的。也有研究者提到通过制度建设解决问题。我们则认为,制度建设是一个循序渐进的过程,当然也是解决根本问题的必要选择;但如果把问题的解决仅仅寄希望于制度的最终完善,恐怕也是不现实的。而且,目前我们对于社会问题和网络的监管已经有了一定的制度和政策基础,比如信息公开制度、听证制度、意见征询制度、应急处置制度等。从当前网络群体性事件作为体制外抗争形式的特征来看,上述制度很显然没有达成解决此类事件的基本效能。当群体性事件已经发生时,再来临时讨论制度建设恐怕是太过于书生气了。而且,总是指望遇到问题强调制度的修正和改变,恰恰说明了政府在存量制度环境下的无所适从,以及等、靠、要的消极态度。我们认为,处理网络议程不仅仅需要长期的制度环境的完善,更需要政府部门面对当下挑战的态度转变。这也是处于时代变革涡流中心区域的各级政府自我调适的必然要求。

此外,网络存在群体极化的特征,民间舆论场非常容易成为民粹主义大行其道的空间,这也是政府需要尽快构建起议程设置能力的外在强制性要求。当前我国网络空间评价网民常常认为"老百姓做什么事情都可以原谅"。这句话道出了民粹主义的真谛:老百姓说什么都对,做什么都正确,群众运动天然是合理的①。这一以"唯民是举"为特征的民粹主义在网络空间拥有非常广阔的市场。例如,2012年3月23日,哈尔滨医科大学附属第一医院曾发生的一起命案引起的社会反响足以让我们认清民粹主义渗透的广泛程度。事情起因是一名青年患者因看病时认为医生蓄意刁难,遂砍死砍伤多名医护人员。以腾讯网上对此事件的网民意见调查为例,数据显示,竟然有4 018人次(占65%)在"读完这篇文章后,您心情如何"的投票中选择了"高兴",而选择"愤怒"、"难过"和"同情"的,分别只有879、410和258人次。这种莫名其妙的"高兴"、这种不合时宜的"高兴","让人感受到了比医患冲突更可怕的网络暴戾之气,感受到了现实的残酷和冷峻"②。

俞可平认为,"作为一种社会思潮,民粹主义的基本含义是它的极端平民化倾向,即极端强调平民群众的价值和理想,把平民化和大众化作为所有政治运动和政治制度合法性的最终来源,以此来评判社会历史的发展③。有研究认为,民粹主义在网络空间的兴起,究其根源在于:第一,社会断裂,差距悬殊,是滋生网络民粹主义的温床;第二,中国网民构成中的"草根"特色也注定了网络民粹主义大行其道;第三,政府公信力的流失、缺失导致民粹主义的进一步蔓延④。在当前,网络的"草根"属性放大了大众在社会中的影像和力量,并因此走入另外的一个极端。网络民粹主义的典型表现为"不断强化大众与精英、大众与政府之间的二元对立;在公众与精英之间,民粹主义表现出鲜明的反专家、反权威甚至反知识分子、反知识的'反智'色彩"⑤。在当前基于新

---

① 参见李良荣、徐晓东:《互联网与民粹主义流行——新传播革命系列研究之三》,《现代传播》2012年第5期。
② 曹林:《医患血案中的"高兴"叫没人性》,《扬子晚报》2012年3月27日。
③ 俞可平:《现代化进程中的民粹主义》,《战略与管理》1997年第1期。
④ 李良荣、徐晓东:《互联网与民粹主义流行——新传播革命系列研究之三》,《现代传播》2012年第5期。
⑤ 李良荣、徐晓东:《互联网与民粹主义流行——新传播革命系列研究之三》,《现代传播》2012年第5期。

媒体的传播革命与大众政治风起云涌交互作用的时代格局下,国家治理体系与治理能力现代化也同时意味着政府在网络群体性事件中不能失去传播话语权,更不能放任民粹主义的的盛行。这正是摆在政府公共传播创新面前的时代使命。

第三节 网络群体性事件中政府公共传播面临的挑战

一、"脱域"效应加剧了群体性事件由利益导向转向价值诉求的转化

"脱域"这一社会现代性特征源自吉登斯的观察发现。吉登斯在其著作《现代性的后果》中,针对现代社会的系统特征,提出了"脱域"(Disembeding)问题,意指"社会关系从彼此互动的地域性关联中,从通过对不确定的时间的无限穿越而被重构的关联中'脱离出来'";脱域机制的发展使社会行动得以从地域化情境中"提取出来",并跨越广阔的时空距离去重新组织社会关系,从而使社会生活从传统的恒定性束缚中游离出来①。在网络群体性事件的语境下,"脱域化"则是指"事件的讨论已脱离了具体的人事本身,主要以问题、议题为导向,在打破空间和时间过程中不断重塑社会关系"②。从目前来看,中国既是全球化的受益者和参与者,也是全球化风险的承担者。特别是在网络空间中,"中国与全球社会的联结,使中国的网络政治在地方、国家和全球三个层面上具有一定的叠合性"③。相关研究也发现,76%的网络群体性事件存在全国互动(含与境外互动)。在乌坎事件中,外地媒体抵达乌坎的速度之快、与当地主要组织策动者联系之紧密,远超当地政府;而

---

① 参见安东尼·吉登斯:《现代性的后果》,译林出版社2000年版,第18、46—47页。
② 刘建军、沈逸:《网络政治形态:国际比较与中国意义》,《晋阳学刊》2013年第4期。
③ 刘建军、沈逸:《网络政治形态:国际比较与中国意义》,《晋阳学刊》2013年第4期。

在什邡事件中,就有来自广东的关注环保问题的大学生到什邡组织当地的中学生走上街头;研究同时发现,目前县、市级政府在此方面所受的挑战最为严峻①。

以跨地域为特征的互联网为群体性事件的"脱域"提供了技术性平台,促进愈来愈多"非直接利益者"的参与、并从"说"走向了"行",从虚拟走向现实,成为公众在群体性事件抗争中追求利益和价值实现的新型资源,进而改变了社会学里所谓的"弱者的武器"②的具体形态;同时,网络还在动员机制实现和象征性文本传播层面放大了群体性事件所具有的抗争能量。在这一传播权力格局下,原本是本地化的、利益诉求层次的、孤立性的群体性事件会被放大为全国性、价值导向和制度性的群体性事件,甚至政治事件。网络群体性事件,造成公众舆论,社会问题与矛盾会在跨越时空中呈现,这使地方性的网络群体性事件治理者面临着前所未有的社会治理成本压力。

二、"双重话语空间"加剧了政府议程与社会议程之间的竞争强度

目前网络群体性事件的议程管理方案着重于强调政府的单向告知、独立化解,而不是双向沟通、共同化解。而如本书前文提及的,何舟、陈先红等人的研究发现,"基于中国双重转型社会特征、多元传播生态环境、中国媒体双重属性、新闻报道框架、新闻实践类型等诸多因素",中国形成了"双重话语空间",即以官方大众传播媒体、文件和会议为载体"官方话语空间",与以互联网、手机短信和各种人际传播渠道为

---

① 翁铁慧:《网络群体性事件与政府执政能力提升》,《中共中央党校学报》2013年第1期。

② 该概念参见美国学者詹姆斯·C·斯科特的《弱者的武器》(译林出版社 2011 年版)一书。该书作者通过对马来西亚的农民反抗的日常形式——偷懒、装糊涂、开小差、假装顺从、偷盗、装傻卖呆、诽谤、纵火、暗中破坏等的探究,揭示出农民与榨取他们劳动、食物、税收、租金的利益者之间的持续不断的斗争的社会学根源。作者认为,农民利用心照不宣的理解和非正式的网络,以低姿态的反抗技术进行自卫性的消耗战,用坚定韧强的努力对抗无法抗拒的不平等,以避免公开反抗的集体风险。

载体的"民间话语空间"①。两个话语空间之间能否沟通协同决定了网络群体性事件是否能够得以妥善解决。同时，无论是"躲猫猫事件"、"邓玉娇事件"，还是"钱云会案"，都曾出现了"网民调查团"性质的社会自组织群体的主动介入，力图以第三方力量参与议程设置，推动网络群体性事件的化解。这也表明，面向未来，政府需要面对一个更加开放、交流、互动的社会环境，与社会力量共同治理网络群体性事件将是未来的一个重要趋势。这将重构中国社会传统上的"大政府—小社会"的社会管理权力格局，并再造议程管理流程。

三、以"去网络化"为特征的网络群体性事件议程管控方式损害了政府公信力

这一传播管控方案的合法性不断受到社会公众的质疑，严重损害了政府的威信。同时，通过断网、删帖等移除互联网传播因素的网络群体性事件管理方式的社会成本也越来越高。其实，对于负面事件采取封锁消息的处理方式在很多情况下并不能奏效，尤其是危机事件发生后对区域内传统媒体的禁言更是雪上加霜，反而导致了政府与媒体公信力的双双下降，而且很容易激化事件矛盾。

四、"五毛党"式的网络群体性事件议程引导方式受到网民的广泛抵制

"五毛党"是网民对来自官方的网络"水军"的身份确认。据我们的观察，该群体在网络舆情爆发后表现出的主要特征为：匿名、多马甲游击发帖，内容没有逻辑、只有观点，发表一边倒的、以主流意识形态话语为工具的"红专"帖子为主，采用围攻、群殴、恐吓战术，常常不讨论问题，只是不容置疑地下结论、扣帽子等。"五毛党"是传统舆论引导经验

---

① 何舟、陈先红：《双重话语空间：公共危机传播中的中国官方与非官方话语互动模式研究》，《国际新闻界》2010年第8期。

在互联网领域内的直接扩散,与之伴随而出现的是"神逻辑"、"雷词"等"急功近利的意识形态编码"①。这一议程管控方式影响恶劣、甚至常常会激化固有冲突。在大众传播平台与互联网空间培育"意见领袖",而不是肆意兴建"五毛党"类的意识形态"豆腐渣工程",应该是当前网络群体性事件议程设置的传播策略创新的价值归宿点。

五、行政体系的信息偏好侵蚀了政府作为议程设置者的信任基础

如前文所述,2010 年,美国尼尔森公司发布的一份关于亚太各国网民用户习惯的报告中称,在整个亚太地区,只有中国网民发表负面评论的意愿超过了正面评论,中国网民患上了"坏消息综合症"②。探究背后的原因当然会有很多种;其中,我国行政体系"报喜不报忧"的信息偏好恐怕难辞其咎。正是行政体系的这一信息偏好塑造出了官方媒体的"喜鹊文化",并造成公众"负面消息饥渴"。我们认为,负面评价在一定程度上应该是网民批判精神的一个反映,但如果处置不当,会很容易导致网络群体极化的负面效应。同时,这也要求政府公共传播在制定传播策略的时候应谨慎组织信息和选择渠道。毕竟,只有经得起批评和挑剔的公共传播才能获得公正信任的基础。

网络空间沟通的首要问题是身份认同与信任建立,互联网的虚拟性原本能够凸显政府公共传播公信优势。但在传播权力高度分化的信息流动格局下,政府"报喜不报忧"信息处置偏好获得社会认同的难度加大。如何消除公众的疑虑,降低沟通中"摩擦力",是考验我国各级政府网络沟通、信任构建的首要难题。

六、网络传播空间中政府议程主导性的挑战

一方面,互联网创造的"虚拟空间"是一种无中心、无边界的开放式

---

① 参见张跣:《网络雷词:议程设置和游牧式主体》,《文艺研究》2009 年第 10 期。
② 参见《中国人患上了"坏消息综合症"》,《世界博览》2012 年第 9 期。

沟通结构，各种不同的观点都可以表达。这样，互联网上所形成的议题或者舆论就很容易被分割成不同的，甚至相互对立的观点，从而弱化了政府议程设置的效果。另一方面，面临信息爆炸式多元事件，互联网呈现出快速的"议题更替"的特征。那些吸引网民的议题很可能被更有吸引力的议题所代替。因此，如何保证政府设置的议程吸引更多的参与者持续支持是政府议程管理效果优化的关键。

七、网络空间和传统媒体管制的双重标准

传统媒体在网络群体性事件中受到的管制明显过于严厉，很多时候甚至被禁言；而网络空间由于超出了一定的行政区域管理范围，被赋予了更多的话语空间和沟通可能。甚至有错误的观点认为"网上的事情交给网络解决"，为传统媒体介入网络舆情沟通划下了人为的鸿沟。从2011年9月"上海地铁追尾事件"的舆情沟通经验来看，适度放宽对传统媒体在危机事件发生时刻的管制，精心设计有利于沟通的信息报道框架，将会有利于提高政府与公众之间的信任程度，促进问题的解决。而从2012年7月"启东达标水入海工程事件"的沟通来看，事件发生的当天上午，仅有启东市公安局官方微博在沟通中发挥作用；而传统媒体，如广播、电视等基本没有参与这一时间段的沟通。在当前舆论环境下，很多时候，传统媒体的参与与否已经不再决定着信息是否会被公开传播，而仅仅是政府表达诚意和沟通意愿的一种象征。随意禁止媒体报道网络群体性事件，等于放弃最有力的武器，转而寻求政府所不熟悉的沟通工具，其效果和效率都会打折扣。

第四节 网络群体性事件中政府公共传播创新的分析框架

一、网络群体性事件议程管理的主要理论参照

在议程设置的语境下,政府的议程管理,是一个政府与各类社会力量之间围绕社会议题筛选,或就同一议题进行意义阐释的效率竞争过程。关于议程设置能力的研究认为,议程设置是一个复杂、长期的过程,公信力是议程设置能力的基础与核心要素。因此,我们本部分的分析将基于以下多个理论的复合分析框架来展开。

1. 议程设置理论

该理论由马尔科姆·麦库姆斯与唐纳德·肖于1972年提出。具体而言,该理论认为,媒体的新闻报道和信息传达活动以赋予各种议题不同程度的显著性的方式,影响着人们对周围世界的大事及重要性的判断;大众传播对某些议题的着重强调和这些议题在受传中受重视的程度构成明显的正比关系。虽然大众传播媒介不能直接决定人们怎样思考,但是它可以为人们确定哪些问题是最重要的[①]。由这一理论演化而来的议题建构理论(Agenda building theory)则着力于揭示议题的形成、发展,以及该过程中存在的各种效果,如共鸣效果、溢散效果等。研究发现,议题建构是一个整体的过程,其间由于媒介、政治系统和公众的复杂互动,媒介发掘新闻议题,并加以建构、报道,使他们成为公众言论的焦点。其中,研究者诺尔·纽曼肯定了媒介的效力,指出议题建构的过程将影响人们的认知,并将相关影响分为三个层次:知道某

[①] 参见斯坦利·巴兰、丹尼斯·戴维斯:《大众传播理论:基础、争鸣与未来》(第三版),清华大学出版社2004年版,第306—311页。

事件、知晓较详细的事件内容和知道事件争论的正反意见①。很显然，和舆情引导强调对人们态度、意见，甚至行为层面的影响目标相比，议程管理更注重在认知层面来影响社会公众。

2. 紧急规范理论

议程设置涉及集体行为的相关研究，对此，紧急规范理论具有一定的参考价值。美国学者特纳把"集体行为理论"归纳出三种基本范式："感染理论"（contagion theory）、"一致性理论"（convergence theory）和"紧急规范理论"（emergent norm theory）②。其中，"感染理论"的核心观点认为：在集体行为中，个体受到群体发出的刺激的影响，判断能力削弱了，情绪、态度以及行动建议在群体中扩散，整个群体表现出亢奋的非理性状态。"一致性理论"则认为：集体行为是具有相似倾向的人的聚集，来自群体的刺激仅仅会影响个体固有倾向的强度。特纳本人在此基础上提出了"紧急规范理论"。他认为，集体行为亦受到社会规范的指导，即在特定的情境中，"普通的社会规范不再适用，一个具体的规范必须被创造出来以定义一个新的社会情境；或者说，必须给情境一个特殊的定义，以激发一个紧急规范"③。按照这一理论，群体性事件的启动环节并非不存在任何规范，实际上往往会出现一个紧急的、不可预测的规范临时引导人们的行为。这个规范是在群体情绪失范过程中最先出现的而又很快被其他参与者认同并效仿的行为。当事件参与者感觉到一种规范的存在时，他们会觉得依照该方式行事是简单适宜的，而且会感到有遵守该规范的压力，因而会有追随少数"领袖"意志

---

① 参见奥格尔斯：《大众传播学：影响研究范式》，中国社会科学出版社2000年版，第69页。

② Turner, R. H.. New theoretical frameworks. *Sociological Quarterly*. 1964, 5(2), pp. 122-132. 转引自郝永华、周芳：《人肉搜索的第一个十年（2001—2012）——基于集体行为理论的实证研究》，《现代传播》2013年第3期。

③ Turner, R. H.. New theoretical frameworks. *Sociological Quarterly*. 1964, 5(2), pp. 122-132. 转引自郝永华、周芳：《人肉搜索的第一个十年（2001—2012）——基于集体行为理论的实证研究》，《现代传播》2013年第3期。

行事的冲动①。社会心理学的研究对此也有支持。当情绪动荡的人们觉察到有指导他们行动的规范出现时,他们就会感到有执行它的压力,并纷纷效仿。这种规范常常突出表现为群体性事件中的破坏行为,它们为群体情绪的发泄找到了出口②。这就解释了为何群体性事件常常伴随着破坏性活动,甚至很容易演化为街头骚乱。

政府议程管理优化的可能性正是基于紧急规范理论。由于处在紧急状态下的人们的行事规则容易受到最先行为者带头作用的影响,"现场的'紧急规范'起到了临场'动员'的关键作用"③。面对网络群体性事件,政府能够通过优化的议程管理,以及时、合理的沟通来规避"坏的"紧急规范,并形成有利于双方和解的"好的"紧急规范,为化解网络群体性事件带来的治理危机提供契机。

3. 社会燃烧理论

该理论的核心④是认为社会稳定受到社会燃烧物质、社会助燃剂和社会点火温度三者相互作用的影响。其中,引起社会无序的基本动因,即随时随地发生的"人与自然"关系的不协调和"人与人"关系的不和谐,可以视为提供社会不稳定的"燃烧物质";一些媒体的误导、过分的夸大、无中生有的挑动、谣言的传播、小道消息的流行、敌对势力的恶意攻击、非理性的推断、片面利益的刻意追逐、社会心理的随意放大等,相当于社会动乱中的"助燃剂";具有一定规模和影响的突发性事件,通常可以作为社会动乱中的导火线或称"点火温度"。由以上三个基本条件的合理类比,可以将社会稳定状况纳入一个严格的理论体系和统计体系之中。他还同时强调"减少(甚至消除)社会系统中的燃烧物质或

---

① 参见胡联合等:《当代中国社会稳定问题报告》,红旗出版社 2009 年版,第 290—291 页。
② 参见高艳辉、许尧:《论非直接利益群体性事件冲突升级的四个阶段》,《法制与社会》2013 年第 1 期(上)。
③ 代玉启:《群体性事件演化机理分析》,《政治学研究》2012 年第 6 期。
④ 参见牛文元:《社会物理学理论与应用》,科学出版社 2009 年版,第 177 页;范泽孟,牛文元:《社会系统稳定性的调控机理模型》,《系统工程理论与实践》2007 年第 7 期。

助燃剂是提高社会系统稳定水平和降低社会系统易燃程度的最有效、最根本的方法"①。目前该理论已被用于社会稳定预警系统、社会稳定调控系统、突发事件应急模型构建及群体性事件演化的研究,并取得了相应成果。

该理论常常也被研究者应用于网络群体性事件的分析。例如,研究者认为:①随时随地发生的人与人之间的矛盾冲突构成了社会不稳定的"燃烧物质";②互联网的非线性结构、移动通讯的快速便捷、网络"大V"的推波助澜、网络谣言等相当于"助燃剂";③具有一定规模且带有标志性、并能够快速引起网络公众关注的突发性事件,可以作为网络群体性事件的导火索或"点火温度"②。而对于上述三要素特征的研究则认为,不平衡性主导的社会矛盾是群体性事件发生的"燃烧物质";不对称性主导的社会舆论是群体性事件发生的"助燃剂";突发性主导的具体冲突是群体性事件发生的"导火索"③。

4. 危机沟通中的双重话语空间互动模式

对于社会管理者而言,网络群体性事件的最大威胁在于社会治理危机的形成。罗森塔尔认为,危机是一种严重威胁社会系统的基本结构和基本价值规范的情形。在这种情形下,决策主体必须在很短的时间之内、在极不确定的情况之下做出关键性决策④。我们将网络群体性事件中的政府议程管理纳入到"危机沟通"的分析框架,并结合中国现实,引入"双重话语空间的互动模式",集中探讨政府如何利用大众传播渠道和非大众传播渠道实现网络群体性事件中的议程管理策略创新。

---

① 参见牛文元:《社会物理学理论与应用》,科学出版社2009年版,第177页;范泽孟、牛文元:《社会系统稳定性的调控机理模型》,《系统工程理论与实践》2007年第7期。
② 参见王惠琴、李诗文:《基于"社会燃烧理论"的网络群体性事件防治策略》,《理论学刊》2014年第5期。
③ 参见单飞跃、高景芳:《群体性事件成因的社会物理学解释:社会燃烧理论的引入》,《上海财经大学学报》2010年第6期。
④ 转引自钟新:《危机效应与传媒功能》,《国际新闻界》2003年第5期。

第五章 网络群体性事件中的政府公共传播创新

我们首先来考察一下危机沟通策略框架的演变。传统意义上，危机沟通的功能是告知、说服和教育公众，使他们按照专家提供的方式理解危机问题。近年来，危机沟通具有了新的价值内涵，危机沟通被认为不应只聚焦于危机信息之上的单向传输，而是在个人、团体、机构间交换信息和意见的互动过程，更明确地强调风险沟通应是双向互动的，以构建多元共识和价值认同为目标。双重话语空间的互动模式则来自于对本土案例的归纳和总结。如前文所述，该模式由何舟、陈先红等人提出，他们认为，当前中国已经形成了事实上的"双重话语空间"，其一是以官方大众传播媒体、文件和会议为载体"官方话语空间"；其二是以互联网、手机短信和各种人际传播渠道为载体的"民间话语空间"。我们认为，新媒体为非官方话语空间提供更大的公共议题讨论空间与接近权，形成了民间舆论场的新平台；而官方话语空间则以官方媒体为基础形成了官方舆论场。传统意义上的政府传播一直强调的是官方舆论场的主导与传播话语权的独占，但是伴随着新媒体带来传播权力的"去中心化—再中心化"的变革，两个舆论场之间的关系正从原有的对立关系转向合作关系，双向互动成为当前政府在网络群体性事件中议程设置能力获取的基本策略。这也使政府公共传播因此成为政府治理能力现代化的核心内容之一。

综合考虑上述四类理论框架的价值取向，我们认为，网络群体性事件中的政府议程管理应定位于危机沟通，以政府主导、公众参与互动、促进网络群体性事件化解为目标特征。

二、面对新媒体的挑战：我们的解题思路与目标

1. 我们的解题思路

从网络群体性事件的整体演进来看，一个事件进入网络成为网络流传的话题，完成了从网下到网上的过程。当话题不断被转载、评论时就开始演变成为一个热点。从网络信息的总量来看，大部分的话题会

在流传的过程中因为新的议题的不断涌现而自行消散,从而不会成为社会重点关注的网络热点。不过,一旦一个话题成为网络传播的热点,就意味着该话题已经成为部分社会群体关注的焦点;并且伴随着参与人数的扩大,很可能引发成为网络群体性事件。因此,这一阶段是我们研究的第一个节点:网络热点形成阶段。在这个节点上,议程可能向好的方向发展,也可能进一步恶化;政府进行议程管理的目标主要是疏导、化解热点问题,使之消散,不形成负面舆论或者不稳定因素。

当网络热点没有消散并继续恶化(即缓发型网络群体性事件),或者一开始就爆发性成长为网络群体性事件(即突发型网络群体性事件),实际上就将政府拉进了舆论的漩涡中心,并陷入危机之中。因此,政府在这一阶段的作为和前一阶段又有所不同。这就构成了我们研究的第二个节点:网络群体性事件阶段。之后,网络群体性事件的发展开始与政府的行为密切相关,不管对于网络群体性事件议程的管理是否合适,取得的结果是否如愿,政府都应该为最后的结果负责。不论采用什么样的方式使得网络群体性事件结束,政府都应该对整个过程进行评估和关系修复。这构成了我们研究的第三个节点:事后修复阶段。

基于上述事件演化时序框架,我们接下来的研究将根据网络事件的发展分为前后相连的三部分,并对每个部分政府议程管理的基本原则和实际操作策略进行分析讨论。这些基本原则和实际操作方法既有相同点,同时又各有侧重。因此,分阶段的研究更便于针对性地把握政府议程管理的对策。

2. 政府公共传播在网络群体性事件中的创新目标

那么,网络群体性事件中的政府公共传播所要取得的议程设置权力如何获得呢?或者说,网络群体性事件需要政府以什么样的角色参与议程的设置与议题的传播才能获得理想的结果?这是政府公共传播创新的目标,也是决定政府公共传播是否有效的核心要素。基于当前官方舆论场与民间舆论场的现实关系态势,我们认为,政府公共传播创新需要实现以下目标——

（1）以信任关系的建立与修复为首要目标。这是政府参与网络群体性事件处理和危机信息传播时所要实现的首要目标，并作为解决网络群体性事件的最核心的社会资本要素来建设。因为，有了信任，就会降低社会运行与沟通的摩擦力；反之则会大大增加社会运行的成本。

（2）双向互动是政府获取信任的首选模式。这是政府获取信任的实现机制。一个可沟通、可信任的政府是现代社会运行所必须的，也是当代政治文明的必然要求。这不是政府自己的承诺就可以解决的问题。政府作为有自身利益诉求的机构，同时又肩负公共服务的责任，要想获得信任，必须有制度层面的约束，让公众的评价成为能够决定政府权力如何实施的力量；使政府不仅愿意倾听，更能够学习如何表达。

（3）以消除误解、达成共识为网络群体性事件沟通的最终目标。冲突的爆发往往来自因为不信任而带来的误解。政府公共传播需要在事件发展中准确掌握有可能产生误解的信息节点，并以合理的方式予以及时消除；而不能视而不见充耳不闻，或者仅仅是通过简单的否认声明来应对质疑。既要声明又要证明，是消除误解的基本规范。共识达成是政府与公众沟通的具体目标，也是网络群体性事件得以解决的首要保证。很多时候，地方政府往往在态度强硬、决不让步或照单全收、对涉事群体的诉求无条件满足这两个极端做出选择，缺乏具有丰富弹性的解决思路和方案。共识的达成则是妥协的艺术，需要政府与公众在沟通中协调底线，公众合理诉求优先，兼顾各自的利益诉求。

第五节　网络热点阶段的政府公共传播创新

如我们前面已经分析的，从网络热点（话题）到网络群体性事件的演变有两种情形，一种是由一个热点逐步演变成为网络群体性事件，即缓发型网络群体性事件。另外一种是由一个突然事件（如上海地铁追尾事件)或者一篇报道(如烟台苹果套药袋事件)使政府突然卷入网络舆论漩涡的,即突发型网络群体性事件。本部分我们将着重分析缓发型网络群体性事件。

一、政府在网络热点阶段议程管理的问题分析

许多政府部门尤其是基层政府部门对于网络热点阶段的重要性存在着认识和行为上的误区,常常忽视网络舆情早期存在的隐情,未能及时做好干预网络热点事件的走向,从而错失了最佳的化解时机,使得网络热点一步步演化为网络群体性事件。

网络热点阶段议程管理最重要的环节是如何判定相关事件的舆情走向。这需要有一套网络舆情预警系统来识别网络热点的变动。网络舆情预警,就是发现对网络舆情出现、发展和消亡具有重要影响的因素,并连续不间断地动态监测、度量及采集它们的信息,根据预警体系内容,运用综合分析技术,对当前网络舆情做出评价分析并预测其发展趋势,及时做出等级预报的活动[①]。从政府在网络热点事件议程管理的实践来看,危机预警的重要性并没有得到足够认识。政府在网络群体性事件预警中的问题主要体现在两个层面:①无预警;②预警不充分。

1. 针对网络热点无预警机制

无预警机制也就是在网络群体性事件发生之前,政府对于危机完全没有感觉;直到事件突然发生,才开始匆忙应对。在诸多网络群体性事件爆发前的阶段,政府表现相当麻木。例如,在 2012 年的"烟台苹果套药袋事件"中,从 2012 年 5 月下旬至 6 月上旬记者多次调查药袋苹果。从百度指数中"用户关注度"演化情况来看(图 5-1),在《新京报》刊发相关报道之前,该事件已经在 5 月底至 6 月初有了非常高的关注

---

① 吴绍忠,李淑华:《互联网络舆情预警机制研究》,《中国人民公安的学学报·自然科学版》2008 年第 3 期。

度。《新京报》的相关报道中也直接显示记者曾经在 6 月 2 日和 6 月 6 日两次到果园采访。不仅如此,在 5 月 13 日,记者到销售纸袋的店铺调查时,当地就传遍了"一辆京牌车来镇上"的消息。记者采访后,还将纸袋拿到北京多个检测机构要求进行检测。从记者的这些踪迹看,报道的出笼不是瞬间所为,并且这个时间周期相对较长,其中涉及的部门也比较多;即便烟台市政府无法得到消息,但是镇一级的政府很可能会听闻一些风吹草动。如果能够及时进行预警,并做出相应的沟通准备,也许可以在 6 月 11 日《新京报》报道发布当天政府就能通过新闻发言人对事件进行回应,而不是拖延到第二天才有反应。考察这一事件的演化进程,正是在 6 月 11 日晚间事件才发生质变的。而在此期间,政府的消息处于空白状态,人们的普遍质疑已经开始发酵。

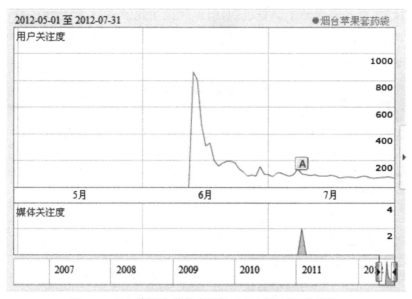

图 5-1　烟台苹果套药袋事件演进图(来源:百度指数)

此外,2011 年 10 月的陕西"绿领巾事件"也是十分典型的无预警网络热点事件。10 月 17 日,陕西西安市未央区第一实验小学为部分学生发放"绿领巾",要求学习、思想品德表现较差的学生佩戴,从而引发网络群体性事件。18日,事件被陕西省少工委叫停,收回"绿领巾",并在全省清查。19日,当事校长就此事向学生和家长道歉。在该事件中,陕西省少工委在"绿领巾事件"大量报道之前就已经知道此事,却未能采取具体措施做出预案,防范可能引发的事态演化。

2. 针对网络热点的预警不充分

在部分事件中,我们看到政府会提前对事件有所察觉。例如,陕西"镇坪孕妇强制引产事件"很能说明这类问题。2012年的6月2日,当事人被"强制"引产;6月4日,《华商报》记者赶到镇坪县曾家镇政府进行采访。至此,事件应该进入预警状态;但当地各级政府并没有意识到问题的严重性。6月11日,事件相关内容被发布在当地论坛,后经《华商报》报道迅速扩散至全国。网民声讨当地政府之声立刻沸腾。尽管6月12日政府启动了调查机制,但仍然无法化解质疑,网络舆论持续放大。6月13日,全国媒体报道和评论开始跟进,14日国际媒体参与报道,事件发展到达顶峰(图5-2)。

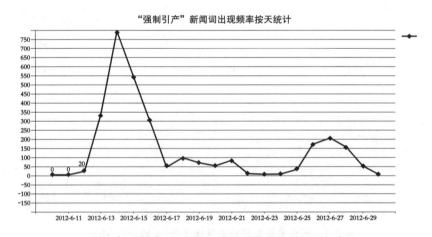

图 5-2　陕西怀孕七个月孕妇遭引产事件演进图①

---

① 数据来源:武大沈阳发布 2012 年 2 季度舆情报告。

之所以说该事件的预警不充分,一个重要的时间节点是6月4日以后,政府开始做当事人的工作,希望他们不要将事件闹大。这说明政府已经意识到事情可能会导致对于政府的负面影响,但是具体会多么严重却没有预测到。更严重的是,基于这种预警的不充分,舆情处置的方式很快偏离了合理的方向。从相关媒体的报道和当事人的陈述来看,政府没有采用协商的手段,而是通过胁迫对其亲友施压等方式来化解危机。这进一步招致当事人的抵触与情绪反弹,双方冲突不仅没有弱化,反而进一步加剧。很显然,在上述事件中,地方政府所采用的的沟通手段和渠道都仅限于与当事人的人际沟通,而对于网络和报纸层面的质疑与声讨几乎没有正面应对。官方舆论场与民间舆论场提供的信息极度不对称,只看得见民间舆论场,看不见官方舆论场。这样一边倒的信息传播格局最终引发了席卷全国的网络声援与抗议。

预警不充分还有另外一种情况,虽然预测了未来可能发生的事情,但是在预警的时候却抱着单向信息控制的思维模式,没有考虑到公众思维的发散性与网络舆论场的多元性。例如,在2012年的"中牟公车拍卖事件"[①]中,政府原本以为,按照中央部署,实施超编公车治理工作,应该是"正能量",需要大力传扬。但没有预测到公众会从反向来考虑事件的整个过程,忽略了事件可能产生的负效应。于是,本来想发个表扬稿,没想到结果却成了"网上揭批会",因此,最后政府的措手不及也在所难免。2014年发生的安庆"节俭书记虞某某事件"则更为典型。2014年7月10日,第十三届安徽省运动会倒计时100天启动仪式暨2014年安庆市职工运动会开幕式现场,安庆市委书记虞某某手拿写在一张废弃日历纸上的讲稿。本地官方媒体称赞虞某某为"节俭书记";

---

① "中牟公车拍卖事件":2012年7月13日,有媒体发布一则简讯:河南中牟县公开拍卖了43辆超编公车,成交总金额39.11万元,国有资产增值率达53.2%。这一消息立刻成为网络热点话题,质疑的焦点集中在这一成交价格是否公车贱卖、国有资产增值率计算方式、评估师和拍卖师为何为同一人等。相关报道参见王汉超:《河南中牟43辆公车拍出39万 公车贱卖有何猫腻?》,《人民日报》2012年7月16日等。

而网民关注的重点不是当事人手上的日历纸,而是他背后桌子上摆放的"价值35元的矿泉水",并尖锐批评政府官员在集体作秀。这一事件是典型的官方舆论场与民间舆论场的分化导致的传播侧重点的严重背离。很显然,地方政府在会议安排和传播策略上(该图片最早是出现在安庆政府网站上)都缺乏预警意识,对网络舆情关注点的预判出现了明显的偏差。尽管"@人民日报"也出面力挺虞某某为"节俭书记",但是这一判断却很难在网上与网民达成共识。而为了弥合两个舆论场之间的裂痕,"@人民日报"在7月14日晚间的"微议录"栏目以"旧日历写的讲稿活了,矿泉水也火了"为题目才平衡了两个舆论场关注的焦点①。而直到7月15日凌晨,安庆官方微博"@安庆发布"才对此事做出正式回应,称该矿泉水是厂家为了自我宣传而免费提供的。但这一回应并没有化解危机,反而使当地政府再次陷入网民新一轮的质疑中。

从上述案例可以看出,政府并不是没有预警时间,也不是没有预警机会,而是没有预警意识。事情在发展过程中,政府没有从源头上认清自己的危机以及责任。而从相关网络群体性事件的演进情况可以看出,许多事件都属于一次触发事件。此类事件没有连续触发的因素,或者说一般没有出现议题转变从而触发再一次舆情高潮的可能。如果进行恰当的预警,完全可以减小其触发后的破坏力,甚至将事件化解在议题或者热点阶段,不至于成为破坏力更大的网络群体性事件。

二、网络热点阶段的政府公共传播创新策略

发现问题是解决问题的开始。对上述事件的深入分析大致可以看出,政府在网络群体性事件中无预警或者是预警不充分的根源在于对事件的敏感度不够;同时,预警过程中视野太过狭窄,缺乏远见。当然,重点还在于后者。比如在陕西"镇坪孕妇强制引产事件"中,政府的预警视野主要在于自身行为是否"合法"上。当地政府在事件初期发布的

---

① 参见新浪微博"@人民日报"、"@安庆发布"等的相关微博(2014年7月)。

第五章　网络群体性事件中的政府公共传播创新

声明认为,事件起因是当事人违反了计生规定,而当地政府是依据已有的相关法规进行处置,并没有重大过错。而后来事情的发展证明,公众不仅质疑当地政府行为的合法性,而且进一步质疑政府所依据之"法"的合法性。因此,从更大的视野出发,从"人本"和"正义"的层面去考虑事件的可能后果,有利于政府进行充分预警,妥善处置问题。

通常而言,预警活动包括明确警义(即监测预警对象)、确定警源(即引发问题发生的根源)、建立指标阀(即明确警情级差)、权重配比(即指标权重赋值)、分析警兆(即警情出现的先兆预测和判断)、预报警度(即警情危险度预报)等环节[①]。其中,尤以建立预警等级指标体系最为重要。预警指标体系包括指标构成、指标层次、指标值评价准则、指标等级等;预警机构组织体系包括预警负责机构、人员组成、责任与权利及与其他部门的关系等;预警工作流程体系包括原始信息数据采集、格式化、上报、汇总、整理、分析、预警信息发布等[②]。接下来,我们主要对机构、制度、网络、举措等方面进行简要的论述。

1. 预警渠道的系统化建设

我们认为,政府存在着预警意识不强、视野不够长远的问题。构建一个有效的预警体系首先在于加强预警渠道的建设。

(1) 政府机构来承担日常的预警通道。政府部门在日常运作中都有传递信息的职能。如政府督查室每天都要搜集信息呈送简报,新闻办设有舆情监测办公室,许多检察院、法院也都自发设立了舆情办公室。还有专门与群众联系的部门,如信访、工会等部门,也经常接触社会矛盾。一些网络群体性事件往往是由社会矛盾所诱发。因此,这些机构应当承担日常的预警工作。

---

① 参见吴绍忠、李淑华:《互联网络舆情预警机制研究》,《中国人民公安大学学报·自然科学版》2008 年第 3 期。
② 参见吴绍忠、李淑华:《互联网络舆情预警机制研究》,《中国人民公安大学学报·自然科学版》2008 年第 3 期。

此外，相当一部分地方政府也开通了与群众联系的直接通道。如市长信箱、市长热线等。更便捷的通道是政府为信息公开所设立的网站、政务微博等。这些现代的信息互动通道是政府与公众联系最为快捷的通道，其信息流动量大，传递速度快，应该成为预警平台的一个信息联动端口，有利于发现问题及时呈报。

最后，各级政府、各个部门，尤其是基层政府要有主动预警的意识，在发现问题时，应及时研判趋势并上报。

（2）民间舆情研究机构的预警渠道合作。目前许多研究机构都专门有舆情研究部门。如各地院校、科研机构大都建立了舆情研究中心，甚至有专门的网络舆情监测平台。政府可以与之沟通，形成预警合作机制，甚至可以发展成为社会舆情的第三方直报点。此外，一些与网络研究相关的课题组也可以作为合作对象。作为专门研究网络的团队，他们关注舆情和网络动态的视野会更全面，也相对客观。可以邀请他们编制日常研究简报报送政府部门。专业机构和研究团队往往经验丰富、视野开阔、立场客观，可有效避免政府部门预警中的不敏感问题和主观偏好问题。

（3）与新兴媒体监测平台合作。当前一些商业的信息咨询公司也在利用自身的技术优势进行信息的搜集、整理及舆情服务。他们也可作为政府舆情预警的一个通道。例如，如新浪微博专门为政府开发有微博预警监测和分析系统，目的就是向政府提供预警、处置等服务。必要时，政府也可以考虑与这些机构合作，通过商业渠道获得预警信息。

2. 预警过程的完善

一旦预警的渠道理顺，建立一套系统的预警信息呈送和接收制度也至关重要。政府需要建立一套机制，保障从上述通道中搜集的信息能够及时准确到达政府部门。

（1）定期呈报和紧急呈报制度。政府部门本身的信息呈送已经形成制度，每天进行呈报，其他渠道也可以采用固定时间呈送的机制。此外,对于突发或者重大事件应该有紧急呈报的制度。对于何为"重大"也应该制定详细的标准,比如事件涉及人数、普遍程度、政府部门、部门等级等,通过这些指标确定呈送的紧急程度以及呈送部门的级别等。

(2)督查制度。可以建立一套督查制度,对日常呈送的预警信息进行核实和调查。如上面分析的相关案例,都有几天的酝酿期。在这期间,得到预警的政府部门完全可以派工作人员下去督查,并将详细的问题分析和处置意见上报。在接到呈报信息之后,相关部门要主动研判信息,需要采取行动的就立刻进行应对,并进行上报。如果无法自行处置的,应该紧急上报,以便上级部门及时采取行动,避免事态恶化。

3. 预警时间的确定

相关研究发现,目前我国的网络群体性事件从首次信息发布到舆论爆发的平均时长在2—5小时之间,而政府对事件的首次回应一般在事件发布后10.16小时,这就使得大量事件的应对处置错失了最初的"黄金3小时"[①]。因此,网络舆情的预警工作显得尤其重要。唯有重视预警工作,才能保证政府有可能在网络舆情爆发前的"黄金3小时"内有所作为。

这一过程中还需要特别注意的是舆情信息在不同网络平台上传播的时间差与效能差,抓住这些时间节点,能够为政府预警提供先机。例如,伴随着网络传播形态的演化,网络论坛作为传统意义上的网络舆情信息集散地的地位已经日渐衰落,和微博等新型网络热点信息集散地相比,传播力与影响力也出现了明显下降。但由于网络舆情动员的惯性,很多事件还是最早先出现在网络论坛。例如,四川"会理县悬浮照事件"引发舆情的第一条信息"太假了,我县的宣传照片"就是出现在天涯论坛;"陕西镇坪孕妇强制引产"事件相关信息也是最早出现在地方论坛,直至被转到微博后才真正引发舆情高潮。如果论坛上的信息能

---

① 翁铁慧:《网络群体性事件与政府执政能力提升》,《中共中央党校学报》2013年第1期。

够引起地方政府的高度重视,并在论坛信息出现时就及时启动预警机制,采取相应的措施,那么就有可能在相对小的范围内、相对低的舆情热度条件下处置热点事件。

三、需要特别关注的敏感信息涉及类型[①]

不同类型的事件以及不同的事件指向,会决定网民对政府具有不同的诉求。因此,政府应该在预警中明确知道究竟哪些事件是公众最为关心、最敏感的信息类型,哪些事件是人们最不能容忍的,哪些议题是容易唤起人们的关注和参与意识的,哪些事件以及哪些语言能够作为框架最快地动员网民主动参与事件讨论从而引发网络群体性事件。针对上述问题,结合近期网络群体性事件的相关研究数据,我们认为,下列情况需要政府在预警时重点关注。

1. 政府与国家政策事件应该重点预警

对于当前网络群体性事件的研究发现,所有的网络群体性事件类型中,排在首位的是政府与政策类事件,占比为36%;第二是民生事件,占比为30%;第三是社会治安事件,占比为27%;第四是言论事件,占比为7%。这表明,对于有关政府与国家政策的事件与涉及民生的事件,最容易引发网络群体性事件。因此,需要格外关注,一旦网络中出现这种热点,应该积极预警应对。

2. 网络热点信息中,有官员被卷入其中的应该重点预警

对于网络群体性事的研究也发现,所有的事件指向中,排在第一的是政府官员,占比为34.2%;第二是,其他人占比为21.5%;第三是企业与商人,占比为16.9%;第四是教育卫生系统工作人员,占比为13.3%;指向公检法人员和弱势群体的比例均为6.2%,位列第五;排

---

① 本节数据如无特别说明均来自李良荣教授在教育部攻关课题"网络群体性事件引导与防控对策"的相关调查。

在第六和第七的分别是的指向公共知识分子(占比为1.0%)和律师(占比为0.5%)。这说明,涉及官员的热点问题最容易唤起公众关注和参与热情,应该重点预警。

3. 具有煽动性符号和戏剧化情节的事件应该重点预警

研究发现,在对网络舆情事件进行报道时,半数以上(53.3%)的报道中运用了煽动性的传播符号;不足两成(15.9%)的报道用了娱乐性的传播符号;尚有三成多一点(30.8%)的报道运用了其他的传播符号。这说明像"我爸是李刚"这样的煽动性语言符号,以及"最牛"等等带有娱乐性意味的词语,很容易成为网络热点演变为网络群体性事件的导火索。同时,在报道中,对情节的叙述,超过三分之一(35.4%)运用的是戏剧化的情节;三成多一点(33.8%)运用的是错综复杂的情节;还有三成多一点(30.8%)是其他情节。比如,类似上访被劳教这类情节离奇的事件就很可能引发网络群体性事件。尤其是上述两者的结合,威力更大。

4. 议题涉及贪污、公检法的、富人阶层的、弱势群体的要重点关注

这与当前官民对立、贫富对立的社会基本现实相对应,实际上是社会问题在某一事件上的集中爆发和宣泄,尤其需要注意。

5. 要特别注意重复出现的类似事件类型

如强拆事件、官员照片PS造假事件以及PX项目等环境污染工程事件等。这里涉及一种典型的网民心态,即当一个事件刚刚平息,再有类似的舆情事件出现,网民心态更迭程度的绝对值将最小化,即第二个事件的舆情发展直接进入高涨期,网民对两个事件的关注将同时达到巅峰,持续处于高涨状态。也就是说,后一个类似事件进入时间与前一个舆情事件的周期重合度越高,则产生的舆情效应越大;相反,如果后事件是在前事件进入尾声后才进入,则网民心态更迭程度的绝对值会扩大,其情绪无法同时达到巅峰状态,带来的舆情效应会稍弱[1]。这种

---

[1] 参见武汉大学发布的2012年2季度网络舆情报告。

网民心态说明,在相同事件出现时,应该立即做最坏的应对打算,因为很可能不经酝酿,高潮就会来临。正是基于这一社会心理,才最终形成前文所述的"焦点循环"效应,即网民针对某个焦点事件的爆炸式意见因为政府的回应而得到化解,使网民感受到了网络政治快速便捷的实效;这一实效又是刺激下一轮焦点事件出笼的直接动力;而且,"焦点循环"特征已经成为"左右中国网民政治心理的中轴线",循环往复的焦点事件宛如"网络政治中的调味品"[①]。

　　以 PX 项目为例,可以看到反复发生的同类事件更需要引入预警机制。从早期 2007 年的厦门,到 2011 年的大连,再到 2012 年的宁波,多起 PX 项目事件如出一辙,而结果也都以政府承诺停工收场。事件重复发生的频次如此之高,地方政府总该从中寻找出应对的基本规律了吧? 2012 年年底甚至有专家声称,经历了多起 PX 项目事件后,中国今后绝不会再发生 PX 项目引起的群体性事件。但是,2013 年 5 月,昆明与成都两地公众联手抗争 PX 项目,把同类事件的抗争强度推向了新的高度。其实,如果地方政府计划引入 PX 项目,就应该对此类项目之前造成的舆情问题化解做一个基本的预案。但,遗憾的是,PX 项目落地后,更多地方政府选择以沉默的方式来避免引发舆情爆发。其结果,一旦项目情况被公众获知,之前因为程序不公开而导致的不信任被迅速扩散,而政府传播"三板斧"被原样照搬出来应对公众质疑;然后是舆情热度不断升温,政府不得不做出妥协。类似的事件被网友调侃为"好像一个总导演执导的舞台剧",政府与公众的"脚本"基本上都是一个套路,事件演化路径也几乎一模一样,其结果当然也是一模一样。社会治理的试错成本一再被累加,"前事不忘后事之师"的经验积累机制却始终很难发挥作用。这只能说明部分地方政府在新媒体革命的冲击下自我学习、主动进化的基本能力已经严重退化了,而这才是当今政府面临的最大的、也是最根本的危险。

---

　　① 刘建军、沈逸:《网络政治形态:国际比较与中国意义》,《晋阳学刊》2013 年第 4 期。

第六节　网络群体性事件"事中"阶段的政府公共传播创新

阶段二,即网络群体性事件的事中阶段。作为一种危机处置方式,政府在议程管理层面的核心工作是互动,以沟通有无、消除误解、为共识达成做好充足的保障工作。在这一阶段,政府尤其注意网络群体性事件发生后的首次回应时间、渠道、话语方式等的选择。相关调查数据显示,近年来发生的各种网络群体性事件70%属于"次生型灾害",即政府相关部门做出的第一反应本身成为了激化矛盾的拐点;80%的发生恶性变化的网络群体性事件,都与初次应对中的措辞失当密切相关[①]。政府应该通过平等的互动来实现政府角色定位的转变,从管理型转变为服务型;并进一步实现政府工作方式的转变,从封闭压制型转变为协商型。尽管无数的实例已经提醒,政府在处置社会矛盾时应该吸取以往与公众博弈的经验和教训,尽快实现上述转变;但从实际的情况来看,政府的不当言行还依然是诱发网络群体性事件的主因。从这种意义上讲,总结经验教训具有特别重要的价值;而阐明转型的动力机制和必然趋势,推动政府互动沟通能力的提升,也是政府在处置网络群体性事件中优化措施、赢得信任的关键。

一、当前网络群体性事件"事中"政府议程管理中存在的问题

正如很多研究已经指出,在很多最后引发网络群体性事件并产生负面影响的案例中,民意"倒逼"政府做出回应几乎成为惯例。由于政府经常仓促上阵进行应对,应对中也因此常常出现应对失当行为,令事

---

① 翁铁慧:《网络群体性事件与政府执政能力提升》,《中共中央党校学报》2013年第1期。

件影响愈发不可控。具体问题常常表现在以下几个层面。

1. 互动渠道的选择脱离现实网络传播格局

如前所述,在所有的网络群体性事件中,如何通过一定的渠道进行顺畅的沟通,是化解网络群体性事件危机的关键。当下,公众在遇到问题时常常求助于信息传播迅速、互动性极强的网络平台。这要求政府应学会通过针对性强的平台与公众互动,而不是局限于以往的沟通通道如新闻发布会、官方媒体或者政府网站发布等等。相关研究发现,57.6%的群体性事件中,网民使用新媒体发布消息、彼此联络、制造舆论;而政府仍然高度依靠传统媒体(57.6%)、新闻网站(22.2%)以及记者招待会(15.2%)这三种回应平台,仅有5.1%使用网络新媒体进行互动处置①。

尤其是近年来政务微博已经被政府在应对网络群体性事件中广泛采用的时候,还有一些基层政府并没有意识到这一平台与政府网站发布的区别。例如,在陕西"镇坪孕妇强制引产事件"中,当事人在事件成为热点之后,立即在新浪注册微博,不断发布事件的最新动态和自己的主要诉求,并且通过不断恳请"@新浪陕西"和"@陕西新鲜事"转发自己的信息来扩大事态。而与此相对应的是,事件中的地方政府却只是把说明信息发布到地方政府网站上,被动等待网民和媒体的接触,而没有主动去扩散自己的观点和主张。假如政府在当时也采用微博手段与网民进行互动,告知在调查中的进展,让公众看到政府在不断推动事件向更加公平正义的方向发展,那么之后公众对于政府的质疑可能会减弱很多。

2. 非理性博弈的策略选择

假如我们将政府与公众在网络群体性事件中的互动当作一场博

---

① 翁铁慧:《网络群体性事件与政府执政能力提升》,《中共中央党校学报》2013年第1期。

弈,那么在博弈过程中,政府常常表现出非理性的一面。博弈中的理性选择策略一般表现为能够搜集博弈信息,并找寻到合适的化解策略,使得自己的博弈收益最大化。但是,政府在与网民的互动中总是与社会期望相反。比如"什邡事件"中,地方政府实际上无视之前多次环境污染项目引发的群体事件和网络群体性事件,包括从"厦门PX事件"到"昆明PX事件"等等。如此众多而且鲜活的案例并没有让当地政府吸取教训,学到该怎样应对类似事件,政府仍然采取非理性的漠视和独断高压策略回应公众诉求。

在诸多网络群体性事件中,一个共同原因在于公众对政府和官员的公信力产生了怀疑。对于公众而言,做得好是一个高效负责的政府应有的行为;但人们无法容忍出现差错或者不负责的政府。公众对政府公信力的怀疑,来源于以往事件中有些政府或部门对于普通公众的漠视和不负责任。可以说,这种怀疑也是一个博弈策略学习的过程。他们常常通过以往的政府行为来了解到政府处理类似事件的策略偏好,或者说是思维定势。从这些经验出发,他们会首先假定地方政府部门是不可信的,但"维稳"却是上级考核地方政府政绩的硬指标。因此,面对不可信的地方政府,他们使用的博弈策略常常就是要把事情"闹大",闹到上级主管部门那里才能保证地方政府部门公正、透明地处理问题。"闹大"则意味着公共事件的升级,意味着更高层级的政府部门卷入其中,意味着本地行政机构的集体失灵,这将大大增加行政运行的基本成本;而且,政府信任危机也在事态不断扩大中加重。网民在一次次与政府的博弈中,不断地总结政府的行为模式,并积累自己的博弈经验,不断进化出更有效率的社会抗争手段和行为模式。但在政府一方,这种学习与进化很难看到,我们看到更多的是相同性质的事件反复发生,而政府依然一筹莫展。

3. 忽视信息平台转移中的声音传递

在许多引发网络热议的焦点议题的演化过程中,一旦事件从微博平台开始转向传统媒体,就表明该事件成为全社会共同关注的话题了。这个时候如果政府的态度和声音还没有出现,也就意味着错失了为事件定性、为自己辩白的最后机会。而且,当前群体性事件往往会指向政府,当政府失声,相关报道就可能失衡。在这样报道的作用下,具有群体极化偏向的网民,很可能在讨论事件时得出不利于政府的判断。当前微博的繁荣已经使之成为传统媒体的新闻线索来源,微博上扩散的事件会很快出现在传统媒体的平台上。政府应该抓住有利时机,在信息在不同平台转移的过程中加入自己的负责、权威的声音,以引导公众对于事件的态度,促进问题的妥善解决。

二、网络群体性事件"事中"阶段的政府公共传播议程创新策略

对于上述问题,我们认为,其根源在于政府在议程管理的时候更多考虑自身的习惯和特长,而没有充分认识到新媒体带来的传播革命以及网络群体性事件发展演进的规律。失当的政府议程管理最终造成了诸多网络热点爆发为舆情事件,使得政府陷入到了"小事变大事,大事变失控"的危机怪圈中。我们将结合相关案例来探究政府在"事中阶段"的公共传播如何创新。

如何才能在信息传播权的竞争中赢得议程管理的先机?按照英国危机公关专家里杰斯特(M. Regester. Michael)的观点,危机处理时需要把握信息发布的"3T原则":① 以我为主提供情况(Tell Your Own Tale),强调组织牢牢掌握信息发布主动权;②尽快提供情况(Tell It Fast),强调危机处理时组织应该尽快不断地发布信息;③提供全部情况(Tell It All),强调信息发布全面、真实,而且必须实言相告[①]。虽然这一原则强调的是信息发布的技巧,但我们也看到了他的立足点是对公众知情权的满足,同时又给信息发布者提供了一个获取信息制高点有利位势的机会。此外,针对国内政府危机传播的现状,人民网舆情监

---

① 参见迈克尔·里杰斯特:《危机公关》,复旦大学出版社1995年版,第110—125页。

测室近年来每个季度都发布"地方政府网络舆情应对能力排行榜"。该榜单的评价指标体系包括"官方响应、信息透明度、地方公信力"三个常规指标,以及"动态反应、官员问责、网络技巧"三个特殊指标,综合考评地方政府对"舆情热点事件"的应对策略、处置能力①。其中,"官方响应"主要是指响应速度、应对态度、响应层级(是否有党政主要领导人、部门领导人和警方发声);"信息透明度"主要是指官方媒体报道情况、互联网和移动通信管理以及对待外媒的态度等;"地方公信力"主要是指突发公共事件和热点话题发酵前后对政府的信任度、满意度,以及由此引发的对地方党政机关形象的综合影响;"动态反应",即地方党政机构随着舆情的发酵、矛盾的激化或转移,是否能够迅速调整立场、更换手法;"官员问责"主要是指对舆论关注的不作为或无良官员是否做出处理;"网络技巧",主要是指能否很好地运用网络等新媒体进行信息发布和意见沟通,是否熟悉网络宣传和引导技巧等。上述人民网舆情监测室的指标基本代表了政府应对网络群体性事件的核心要素;其中,包含传播要素的指标占了绝大部分。综合上述原则与指标,我们将政府在网络群体性事件中的公共传播创新策略分析的重点定位在以下几个方面:互动的时间、互动的信息处理、互动的渠道、谁来进行互动、如何互动几个层面来进行分析。

1. 何时开启对话:黄金 3 小时法则

开启对话的时机与时长如何把握才是合适的呢?对此,我们主要试图分析两点,一是互动开始的时机,即什么时间开始进行互动?二是,应对网络群体性事件的时间长度,政府需要互动多久?

按照传统的危机应对反应时间界定,通常被称为是"黄金 24 小时",即危机发生后一天内必须做出回应,否则将会使政府陷入被动之中。近年来,人民网舆情频道在舆情分析中不断强调,对于网络舆情事

---

① 参见人民网:《2011 年第四季度地方应对网络舆情能力推荐榜》,2012 年 1 月 11 日。

件,最佳的回应时机是"黄金4小时"。而按照南京市政府对本地各部门的网络舆情应对则要求在危机发生1小时后必须做出回应,否则会对造成严重后果的事件追究当事部门的责任。而根据教育部哲学社会科学重大攻关项目《网络群体性事件的引导与防控对策研究》相关调研发现,政府对网络群体性事件的理想回应时间点为事发后3小时,课题组并据此提出了"黄金3小时"的规则。在该课题的调查中也发现,目前我国的网络群体性事件从首次发布到舆论爆发的平均时长在2—5小时之间。很显然,如果这个时候还遵循"黄金24小时"的规则明显不合时宜;按照人民网提出的"黄金4小时"规则倒是也可以接受,但处于舆情爆发前偏后一点的时间段;南京市政府新闻办提出的"黄金1小时"则显得有些仓促,会对首次回应的效果产生不确定的影响。前文我们已经讲到,很多政府部门因为针对危机做出的第一反应不慎重而导致"次生型灾害"的发生,政府本身反而成为了激化矛盾的拐点;而且大部分发生恶性变化的网络群体性事件,都与初次应对中的措辞失当密切相关[①]。

我们认为,选择舆情爆发前2—5小时这一平均时长中间稍靠前的时段,即3小时,应该是比较理想的时间节点。而对于互动需要的时间,根据我们对近期发生的网络群体性事件演化时长的分析发现,从网络讨论达到峰值,再到关注度显著降低达到平稳,普遍需要的时间在3—5天。这一时间间距也是政府需要尽力把握的互动时间。政府应该在这段时间里,充分利用互动的平台与公众进行沟通,争取在该段时间内平息网民的质疑、批评和负面议论。事实上,从公众接受心理来看,如果政府能够在尽可能短的时间内进行及时回应,能够证明政府对网民民意的重视程度以及对于事件处置的决心,这才是最重要的。诚恳的回应行为作为一种态度和姿态本身就有助于平息公众的质疑和

---

① 参见翁铁慧:《网络群体性事件与政府执政能力提升》,《中共中央党校学报》2013年第1期。

批评。

基于此,就网络群体性事件而言,当舆论开始对政府提出质疑和批评,政府需要一个对于事件的审核查证时间。同时,也需要一个部门间沟通与负责官员间沟通的时间来对事件进行分析和研判;甚至还需要经过向上级部门汇报的组织流程。因此,事件发生后如果仓促进行回应,或者在不确定的情况下回应"待查",或者回应其他没有实质性的内容,都有可能会激起更大的舆情反弹。

2. 议程创新首要目标:在互动中与公众建立信任关系

通过案例之间的比较,很容易就可以看出,及时回应公众质疑的事件,其议程设置的创新效果就好;存在侥幸心理拖延时间的事件,其互动的效果就差。究其原因,即在于政府与公众之间的信任关系是否能够实现。因此,我们把议程创新目标设定为政府与公众建立起良好的信任关系。在应对网络群体性事件的议程管理过程中,政府部门需要注意以下几点:

(1) 应果断处置事件,通过行为化解公众质疑。

在山西临县"15岁工作女干部"事件中,曹莉在山西临县政府网站上的简历被曝光后,有记者致电临县县委组织部、宣传部等多个部门,工作人员均表示不知情,对于备受关注的15岁参加工作是否合乎规定这一焦点问题避而未答。同时,临县政府官网上曹莉的简历页面也很快被删除。不回应、删简历等行为招致媒体和网友一片声讨。而拖延的态度进一步刺激了公众的质疑与好奇,无视媒体采访的做法一定程度上也使得传统媒体加入了质疑的行列,从而扩大了事件的负面影响。与之相反,在"陕西绿领巾事件"中,相关部门果断决策、及时表态的行为,迅速赢得了公众的谅解。

(2) 正视敏感问题,正面回应社会期待。

在网络群体性事件中,公众关注的焦点较为集中。经过网络讨论,一些核心问题常常成为网络上的热点问题。公众对待这些问题会产生一种特别期待,并希望能够看到政府的具体态度和切实行动。因此,政府在此类问题上应该正面应对,向公众传达政府的决心和信心。如果刻意回避,一味推脱,则会招致更大的质疑。例如,在2012年7月"北京特大暴雨事件"中,伤亡人数一直是网络关注和讨论的热点问题,而且来自民间的死亡人数信息已经引起了社会的关注。但政府相关部门在该关键问题上一直闪烁其词,不予正面回应。虽然7月22日晚间相关部门公布37人遇难的数字,但该数字一连几天再不见更新,导致"死亡人数"成为接下来几天的焦点问题。但第5天召开的新闻发布会上,新闻发言人却没有对此敏感问题进行回应,网络质疑声浪再起,导致舆情也再次升温。7月26日《人民日报》发评论《伤亡人数不是'敏感话题'》,对此直接提出批评。所以,敏感问题应该重点回应,给公众信心才能化解负面舆情。

(3) 应制定统一的策略,行为上保持前后一致。

统一的策略有助于准确传达政府对群众和社会的负责态度。尤其注意,不能宣传一套,背后做另一套。据媒体报道和当事人声称,在陕西"镇坪孕妇强制引产事件"中,政府一边发布调查的信息,表明愿意承担责任;另一方面却通过威逼手段企图迫使当事人妥协。这种行为被当事人爆出之后,进一步坐实了公众对政府采取"利己"行为、逃避责任、利用手中权力压制当事人的猜测,产生了更大的负面影响。

(4) 随时随地地通告事件的处置进展。

"速报事实、慎报原因、不间断地报进展"被认为是新闻发布所要遵守的三个基本原则。网络群体性事件发生后,及时、不间断地发布事件处置进展,而非宣称等调查结果出来才公之于世,将有可能缓解舆论带来的巨大压力。在2011年12月"山西交警乱罚款事件"中,山西省12月21日宣布将在全省公安交警系统开展为期一个月的纪律作风整改活动,对公路"三乱"实行零容忍。同时,岚县、孟县公安局长等相关责任人也被迅速免职。在2011年11月甘肃"正宁特大校车事故"中,甘肃省委书记、省长等领导分别做出重要指示。当地主要官员也在接报后立即做出指示并迅速赶赴现场。正宁县委、县政府立即召开现场救治会议,启动道路交通事故Ⅱ级响应,并成立了事故救援工作领导小组,全力开展医护抢救工作。上述积极反应的信息同时被官方不间断地发布,稳定了公众的情绪,将舆情导向引向正面,为政府应对带来了主动的机会。

(5)争取意见领袖理解与支持。

在许多网络群体性事件中,意见领袖的参与是舆情迅速扩散的关键因素。研究发现,在目前的网络群体性事件中,意见领袖通常发挥四项特殊功能[①]:第一,认证信息的真实性。被意见领袖转载的信息,通常被普通用户认为是"真实、可信、可靠"的信息。意见领袖的转载,成了对信息内容认证的过程,尽管多数意见领袖并不在第一现场,也不是当事人。第二,过滤信息,引发关注。被意见领袖转载的信息,通常被普通用户认为是"重要、值得关注"的信息,意见领袖成为帮助过滤和识别重要信息的工具。第三,提供"正确"的解读方向。对同一个信息存在不同解释框架和解读视角时,意见领袖以解释者的身份提供通常会被认定是"正确的"解读方向。第四,行动的"组织"者。意见领袖通过对特定人群(支持者群体)的影响力,在网络空间组织、实施行动(包括线下行动)。能否发挥这一功能,很大程度上被作为能否成为意见领袖的标志以及判定该意见领袖实际影响强度的衡量指标。而且,从现实的发展情况来看,上述意见领袖的四大功能在社交媒体快速崛起的背景下有逐步放大的趋势,尤其是在基于社会关系而形成的微博与微信传播平台上,意见领袖有着更加特别的影响力。

在该阶段的政府公共传播过程中,政府如果能够获得意见领袖的理解和支持也是议程设置得以实现的关键点。在"永州唐慧被劳教案"

---

① 参见翁铁慧:《网络群体性事件与政府执政能力提升》,《中共中央党校学报》2013年第1期。

初期,意见领袖纷纷呼吁永州方面释放唐慧、批评劳教制度等,同时网络舆论充满了愤怒的情绪。在湖南省政法委派出调查团赴永州后,意见领袖的态度开始有了明显的转向,他们普遍对湖南省委介入此事表现出较高的信任度。这种情绪感染了其他网友,攻击谩骂言论明显减少,舆论氛围也因此趋于理性。因此,在政府公共传播过程中,密切关注意见领袖的倾向性十分必要;同时,化解舆情也需要首先化解意见袖的质疑,从而带动公众态度的转向。

(6) 必要时可以邀请外部专业团队协助。

在2011年6月发生的"会理悬浮照事件"中,新浪微博ID"@会理县孙正东"及时出现,熟练利用微博与公众互动,以幽默风趣的沟通方式解决了问题,并迅速转移了公众的注意力,把基于负面事件的高关注度及时转化为宣传推介会理风物的机会,把问题最终转化为推广会理的"正能量"。在事件结束之后,该ID才爆出自己并非孙正东本人,而是来自福建厦门的一位"大龄、爱折腾的女青年"。很显然,这种通过外部专业团队直接介入网络群体性事件积极沟通、实现良性互动的策略,也可以作为一种尝试,提高地方政府网络群体性事件的应对水准,尤其是网络群体性事件应对的"重灾区"——区县一级政府部门,更需要专业团队的指导。

3. 网上与网下的联动:政府议程管理创新的传播渠道整合

从近年来发生的诸多网络群体性事件的演化来看,成功处置的网络群体性事件中政府与公众进行信息互动、沟通交流的渠道往往是多元化的。政府的通报、政府网站的公告、政务微博、新闻发布会、传统媒体等,甚至在有些事件中出现了政府官员与公众面对面的互动。这些渠道作为政府与公众联系的纽带,各有特点和优势。合理利用各自的特点,能够从整体上调控互动的效果。

政府通过政府网站对质疑回应具有一定的权威性;而且作为一种书面回应,网站的公告可以让政府有充分的时间对信息斟酌,选择最有效的表达手段。但是,这种形式的缺点也很明显,政府门户网站属于典型的 web1.0 阶段的网络传播主流平台,往往反馈不足,很可能蜕化为单向的信息推送。

传统媒体作为政府公共传播的传统阵地,也是媒体使用中政府经验最丰富的一类。就目前的情况来看,传统媒体并不适合作为第一时间设置议程的平台,但能够在强化议程、突出沟通成效、引导事件演变趋势等重要关节点发挥作用。传统媒体是与"黄金 24 小时"规则时代相适应的第一传播通道,基于新媒体传播对时间革命性的突破,政府需要在现有渠道结构中调整传统媒体的定位。传统媒体适合作为重武器,而不能以轻骑兵角色来参与政府议程管理创新活动。

新闻发布会是政府与公众互动的传统渠道。这种渠道信息量大,发布及时,互动性强,而且作为面对面的传播方式,政府可以通过各种表现形式来表达自己的态度、决心,完整回应公众关心的问题,并就事件的焦点进行多次的阐明,效果比前两种方式都有优势。新闻发布会要想开得有效果,需要提前做好大量的准备工作,有针对性地回应记者与公众质疑的焦点,亮明观点,坦诚面对已经发生的危机;而非把新闻发言人简单异化为"长官意志"的传声筒。此外,新闻发言人是一项专业性很强的工作。强化新闻发言人的专业沟通能力,尤其是如何与媒体一道工作的能力,在当代中国显得尤其重要。

政务微博是当前政府正在大力发展的一种新型互动渠道,其信息传达迅速,互动性强。微博有良好的群众基础,是网络中关注程度最高的突发舆情信息发布平台。政务微博作为一个跨部门、跨系统的信息总汇平台,在政府部门与公众的互动中完全可以发挥联动和系统优势,有效发布信息,表明态度。不过,要注意的是,微博因为信息发布方便、时效快、影响力大,对缺乏专业训练的操作团队来说很容易产生负面的效应。

4. 谁堪中流砥柱:政府议程设置的主体优化

在政府公共传播过程中该由谁来进行互动?换言之,究竟由谁主导与公众的互动,才能够打消公众的疑虑?例如,在"永州唐慧被劳教案"中,作为对舆情爆发的积极回应,湖南省政法委成立了调查组赴永州调查此案办理情况。该信息发布代表着省一级政府开始介入调查。在公众的眼中,事件的处置开始脱离地方进入到上级主管部门介入的日程。于是,事件关注度在达到舆论高峰之后,开始分化向好,呈现出同情唐慧与对期待结果并重的状态①。

当然,从网络群体性事件的整体情况而言,不可能所有事件都由省级政府来接手,这肯定是不现实的。但是,如果处置权不上移的话,涉事单位往往同时又是利益相关主体,信任度偏低,政府就很难在事件的处理中掌握主动权。从近年来的案例来看,由上级部门直接介入网络群体性事件处理的事件(如陕西绿领巾事件、山西交警乱收费事件、甘肃正宁校车事故、乌坎事件等)中,政府主导议程设置方向的效果明显优于其他几个事件。

而大多数以县区这一行政级别的政府作为议程设置主体来应对网络群体性事件的效果都不是很理想。这是2003年"非典"后推出的危机处置方案多数强调"关口前移、重心下移"的操作原则带来的影响。究其原因,一方面是因为基层政府缺乏有效的专业训练,主动沟通能力相对缺乏。更重要的是,作为处置事件的主体,县级政府或者相关部门往往无法得到公众的认可和信任。

因此,我们认为,由上一级出面来主导互动,但当事人一级的政府并不能置身事外。最好的传播议程设置机制应该是以多级联动的方式与公众进行沟通和交流。

5. 有备而言:及时完成信息的搜集与处理

从近年来诸多网络群体性事件的案例来看,政府在互动过程中的主要行为和信息包含了事件声明、相关证明、批评整改的决定、道歉、问

---

① 参见胡江春,《湖南永州唐慧案体现法治才能'治本'》,人民网,2012年8月11日。

责之后对于政府官员的免职等等内容。同时个别案例中出现了"待查"、不进行回应的消极互动。

政府在网络群体性事件的互动过程中应该全面收集、汇聚、整合信息,解读信息,从中发现公众诉求,研判出发展趋势,并进行针对性的议程管理与引导。在需要整合的信息中,政府应该厘清几个问题:议程本质(利益诉求还是价值诉求、动员哪些人参与、使用的动员框架是什么、采用什么标志性符号、意见领袖是哪些、议题可能的发展方向等);网民通过什么渠道来关注信息;哪个级别的人出来回应能够最快赢得信任(谁来互动的问题);政府说些什么最有可能得到公众的理解和信任(互动的内容),等等。所有这些信息综合在一起建构起了议程管理的创新方向与目标。

需要注意的是,对于网络舆情信息的解读与研判,应考虑引入非政府、并熟悉网络舆情演变的专业力量。他们的分析会更加全面、专业,考虑问题也会更客观和理性。

6. 诚恳与开明:政府议程设置的态度取向

政府态度是影响网络群体性事件中民意走向的最直接因素。在很多情况下,公众其实反感的是政府不去正视自己的错误,而是利用手中的公共权力试图掩盖错误,包庇当事人。公众担心的也不仅仅是在某一个事件中某人或者某个群体受到了伤害,而是更担心这种造成伤害他人的制度和机制如果不能被政府加以修正,将无法避免同类伤害的产生。

政府应该在互动过程中充分考察行为中是否体现出真诚的态度,这是整个互动过程中策略制定的前提和归宿,也是互动有效性的保障。前文所述政府新媒体传播所秉承的"谦抑性原则",说到底是一种态度,即与人为善、严于律己、宽以待人的态度。

第七节　网络群体性事件"事后"政府议程管理创新

当网络群体性事件从关注的峰值降低到相对平稳的低点位置,我们认为已经进入到第三阶段,即"事后阶段"。在这一阶段,公众对于事件关注还在延续,媒体和网络上还有相关的报道和批评质疑,但关注的程度已经显著降低。同时,也可能是因为有新的事件出现,转移了公众的视线。此阶段政府的议程管理工作并没有结束,仍需要围绕相关议程来修复政府与公众的关系,把公众的相关意见和建议通过一定程序吸纳进政府的决策过程中。然而,相关研究发现,只有14%非直接相关政府部门会在网络群体性事件结束之后主动采取正面补救措施,78.5%不采取相关行动;即使是直接相关的政府部门,事后采取正面补救措施也只有33%;另外67.5%的当事部门并没有采取任何行动[①]。这一情况和事前缺乏预警与预案的问题有些类似。政府公共传播把主要精力集中于事中阶段是目前议程管理的主要特点。但从关系管理的角度来看,政府与公众源于网络群体性事件而造成的关系裂痕如果在事后得不到有效修复,必将会对此后双方关系处理造成隐患。

一、事后阶段政府议程管理中存在的问题

大部分的网络群体性事件经过上一阶段的互动与沟通会慢慢平息。还有一部分事件,虽然舆情暂时平息,但是随着事件新的进展还会出现再次触发或者多次触发的可能。

这些典型事件屡屡出现,也说明政府在跨地区、跨部门网络群体性事件经验借鉴上存在观念上的误区。例如,2012年7月初,"什邡反对

---

① 参见翁铁慧:《网络群体性事件与政府执政能力提升》,《中共中央党校学报》2013年第1期。

钼铜项目事件"刚刚有降温的迹象；7月底,"启东污水处理排海事件"紧跟着就发生了。政府对于网络群体性事件的处置教训与成功经验并没有被很好地总结,并在各地方政府间扩散；而且,如果基于网络群体性事件被破坏的政府—公众关系没有被及时修复,一旦有同类事件发生,原有事件造成的关系裂痕将会以区域社会共同记忆的方式而存在,社会怨恨很可能随时被重新激活。例如,2012年10月份的"宁波PX项目事件"因为政府的妥协而给出了永久停止项目的承诺。但是,事件导致了政府与公众之间不信任关系的扩大。一年后的2013年10月的"余姚水灾事件"爆发,当地公众因为不满政府救灾部署以及官方媒体的相关报道,导致出现了暴力冲突。

二、网络群体性事件事后阶段的政府议程管理创新

看上去,政府在此阶段的议程管理似乎并不重要；危机过后,社会关系似乎恢复到了风平浪静的状态。不过,从长远来看,如果在群体性事件中政府公信力受损严重,而且没有启动事后修复过程,将为后面危机事件的爆发与处理带来隐患。因此,这一阶段的主要任务是修复政府与公众的关系,平复公众情绪,预防过去的事件成为新的危机事件孕育的温床。然而,从实际案例的情况来看,政府的事后关系修复更注重行政体系内的关系,而非政府与公众的关系。部分政府部门非常重视在事后修复自身在上级部门那里严重受损的形象,常常会在高级别的党报或者电视台上发表正面报道内容,希望通过这一方式对冲网络群体性事件造成的形象损伤。如果这一做法没有以面向公众的关系修复措施为支撑,很容易被当成是政府对民意的挑衅行为,会引发新一轮的网络热议,甚至事件的死灰复燃。因此,这里所谓的关系修复,主要是指政府与公众关系的修复,而非行政体系内部的关系修复。

1. 防止同类事件再次发生,避免刺激公众情绪

当某一事件平息之后,相似事件也会成为一种触发,导致前期已经

平息的舆情再度激化。在毒胶囊、工业明胶、有毒蜜饯三个事件连续出现时，公众在议论后发事件时，常常会把前面的事件拿来做对比，导致前面事件中相关政府部门再次陷入网络舆情危机。对于我国社会权力关系结构现实而言，不管是哪里出现网络群体性事件，最终的结果都是政府公信力的下降。公众不会认为仅仅是某一地方的政府存在问题，他们往往会把政府体系作为一个整体来质疑。同类事件的不断发生，拷问的是政府的运行机制和体制，这对于政府公信力的伤害非常明显。因此，在该阶段的议程管理上应尽量避免同类事件发生，以免公众情绪再度激化。

2. 表达善意，以修复政府—公众关系为议程设置的阶段性目标

在事件处置的过程中，政府在舆情平息之后往往还会出台一些后续措施，意图在于修复关系。这些措施一方面作为一种行为非常必要，但政府还应注意，除了采取行动，还应该留意议题的管理。在这类议题的管理中，应该持续宣传对于事件的后续处理，通过媒体、网站、发布会等等渠道，向公众表达善意，引导舆论的方向。当然，最好的渠道是带有人际交往特征的政府微博，其迅速、快捷的传播模式可以及时告知公众；同时，人际传播路径信息扩散本身也将公众的态度传递出去，并影响大家对于事件的正面认知，这一点对于修复关系意义重大。在甘肃"正宁特大校车事故"中，从2011年11月16日事件发生后的第一条微博开始，截至11月18日，甘肃省卫生厅连续发表了51条与校车事故相关微博。与此同时，甘肃省政府新闻办、庆阳市卫生局和"@微博甘肃"等政务微博也连续发布相关信息。甘肃省卫生厅厅长刘维忠通过自己的微博"@甘肃刘维忠"称："庆阳市委、市政府决定停止2012年公车更新计划，将预算资金全部用于购置标准化校车"。以不买公车来更换校车，这一举措对于重塑政府形象起到了画龙点睛的作用，也对双方关系的修复提供了良好的基础。

3. 适度转移政府公共传播的焦点议程

如前所述,即便在舆情平息之后,公众的情绪依然非常敏感。这种敏感会令公众对该地区的其他事件也有很高的关注度。在事件平息之后的关系修复期,政府可以组织媒体对新的新闻事件进行报道和宣传,在宣传政策允许并符合新闻规律的情况下,来降低对之前网络群体性事件的关注度和相应的讨论热度。但是要注意把握好分寸和时机,绝不能在网络群体性事件发生的当口邀请媒体转移焦点,而对公众关心的事情视而不见,这样的活动策划不仅会伤及地方政府的公信力,更会累及参加报道的媒体,因此很难得到媒体的支持和认同。例如,2014年8月31日,媒体开始关注"腾格里沙漠污染事件";但是9月9日,第三届"全国网络媒体宁夏行"如期启动,邀请各路记者深入腾格里沙漠进行采风。当相关报道出现在网络上,受邀记者立刻被网友们调侃"是否是去采访污染事件去了"。在这种情况下,即便是正面宣传报道为主,也很难收到活动所预期的宣传效果。如果把"全国网络媒体宁夏行"的活动稍微延后一些,等污染事件的调查有一些眉目、地方政府也对污染事件有个说法的时候再邀请记者深入宁夏采风,效果很可能会好很多。

4. 公开讨论政府议题管理中的经验和教训

不管哪里发生舆情事件,对于政府来说都是一种镜鉴。对于当事政府而言,必须认真总结教训,创新执政理念,改进执政行为。同时也应该将工作中获得的感受和经验作为以后的策略依据而予以整理。公开讨论政府议程管理中的经验和教训,一方面可以赢得公众的信任,也可以有效提升整个地区政府部门的网络群体性事件认识水平和应对能力。

对于其他地方政府部门而言,这样的公开传播的经验和教训也有借鉴意义。他们可以从外部视角进行分析,发现事件中舆情演进的规律,了解公众讨论关注的焦点,以及网络动员所采用的框架和口号等等,通过不断学习,提高自己搜集信息、分析信息、整合信息以及选择博弈策略的能力,更好化解网络群体性事件的危机,从长远意义上维护地方稳定。

案例五　云南"躲猫猫"事件[①]

发生在云南的"躲猫猫"事件,既是政府通过迅速调查和妥善沟通实现的有效危机管理;同时也是网络监督介入线下调查的一次尝试。尽管后者并没有得出有效结论,政府对网络监督的大胆引入依然值得肯定,这种民间力量介入危机管理的前景同样值得期待。

一、危机演进:突发事件引发政府公信力危机

"躲猫猫"一词原意是指一种游戏,属南方方言,北方则称作"藏猫猫",又称"摸瞎子"、"捉迷藏"。然而发生在云南省的一起事件,却让这个词成为"2009年度网络第一热词"。事情的起因是云南省晋宁县看守所发生的一起离奇死亡事件。2009年2月12日,据当地公安部门通报,8日下午,因盗伐森林被拘押的24岁男青年李荞明在看守所中与狱友玩"躲猫猫"游戏时导致"重度颅脑损伤",后经医院抢救无效死亡。这一事件经媒体报道后,在网络上迅速发酵。众多网民纷纷质疑,一群成年男人在看守所中玩"躲猫猫"游戏听起来非常离奇,而这种"低烈度"游戏竟能致人死亡就更加令人难以置信。于是,一场以"躲猫猫"为标志的舆论抨击热潮迅速爆发。

"躲猫猫"事件是在社会生活中突然爆发的,短时间内致使全国舆论一边倒,"对政府的公信力提出巨大质疑,对政府执政力产生重大威胁,对政府和国家的正面司法形象造成恶劣影响,政府必须在短时间内

[①] 本案例由张亮宇、姜晟颖整理完成。

做出正确决策应对"①。很显然,"躲猫猫"作为李荞明死因的说法违背了前文所述的信息发布"三原则"中"慎报原因",这一说法也明显挑战了网民的智商底线。因此有研究者认为,在当前的舆论环境中,"躲猫猫"实在不是一个好的解释,网民认为是一个"荒谬"的理由;"躲猫猫"根本不是事件的终点,而是重新调查的起点②。

二、政府反应:开展调查并引入网络监督

在事件成为网络热点后,当地公安部门出面通报、检察机关出面调查,云南省委宣传部迅速组织事件真相调查委员会,并在2009年2月19日公开面向社会邀请网友和社会人士参与调查。在15人组成的委员会中,有8人是网民和社会人士,其中主任和副主任均由网民担任。这瞬间点燃了无数网民和媒体的想象力:全国第一次由官方组织的网民调查团究竟能在多大程度上还原网民们所期待的真相?又能在多大程度上影响网络舆论的流变?

党政部门、司法机关邀请网民组成调查委员会进行调查,这在云南省乃至全国都是第一次。这个大胆的决策对政府形象的修复起到了重要作用,其意义和轰动性甚至一度超过了"躲猫猫"事件本身。事实上,云南省对于网络舆论的重视程度早有体现,对"躲猫猫"事件进行危机管理的主要负责人、省委宣传部副部长伍皓就是一个非常重视网络传播的人,其在同年11月就在新浪网开设微博,并因此为更多人所知晓。"躲猫猫"事件发生后,面对日渐高涨的舆情,他表示"我们不愿做第二个周老虎"③,并认为要用网络的办法解决网络舆论,即要成立一个由网民主导的"躲猫猫"事件调查委员会。

---

① 鲁津、徐国娇:《论政府危机公关的效益——"躲猫猫"事件的媒介传播案例解析》,《现代传播》2009年第3期。
② 沈国麟:《〈看得到开始,猜不到结束〉:风险社会中的政府传播》,《青年记者》2009年4月(上)。
③ 参见《"我们不愿做第二个周老虎"》,《南方都市报》2009年2月21日。

从事后相关信息来看,就在做出邀请网民共同参与调查这一决定的 2 月 19 日当天上午,由伍皓和相关公检法部门召开的协调会上,还有人提出了反对大张旗鼓搞调查的意见。有人认为,网络舆论毕竟是虚拟的,网民的特性就是图热闹图新鲜,吵一吵、闹一闹几天就消停了,他们也比较偏激和片面,不足以作为决策参考,所以应该采用冷处理的方式来解决"躲猫猫"事件;也有人认为,宣传部门应该采用"堵"的方式,不许传统媒体继续炒作"躲猫猫"事件,或者通过网络管理部门删除帖子,出一条删一条;还有人认为,应该公布真相,但应该按照政法机关既定的程序,完成各种调查,最后召开一个新闻发布会①。

最终,伍皓说服了相关部门的官员,并且取得了分管政法和宣传的两位云南省委常委的同意,做出了通过网民参与调查"躲猫猫"事件的决策。

三、调查报告:过程和意义重于结论本身

受到关注的《"躲猫猫"事件调查委员会调查报告》于 2 月 21 日凌晨发布,然而这份 7000 多字的文本里,并没有很多网民所期待的李荞明之死的事实真相。这份报告只是详尽描述了调查委员会的委员们调查当天行程的全过程:从第一次开会商量日程,到向晋宁县警方提出各种问题进行质询;从到看守所进行现场调查,到 AA 制解决吃饭问题,最后熬夜到凌晨 2 点发出报告。由于缺乏监控录像等核心证据,导致调查委员会能够呈现给怀有无限期待的网民的只能是他们在这 10 多个小时里所听到、看到的东西的如实记录。

尽管来自调查委员会的报告无法排解多数网民的真相焦虑,但是这一事件本身的过程和象征意义比结果更为重要。这次调查的重要意义在于其显示了网络监督民主化的进步。但是,其中也有一些问题需

---

① 参见孙昌銮:《网民参与"躲猫猫"事件·调查的是与非》,《北京青年报》2009 年 2 月 22 日。

要进一步探讨。例如,有研究者认为,在成立所谓的委员会时,由谁选择、选择的是谁,是一个非常重要的问题。对于一个事件,组成调查人员的知识结构,相应的法律知识是否具备,谁应该有资格去质询、探究这个事件,又由谁来决定、由谁来担当,也是这个事件给我们带来的思考①。

2月27日,云南省政府新闻办召开新闻发布会,公布检察机关调查结论:8日17时,张某、普某某等人以玩游戏为名,用布条将李荞明眼睛蒙上,对其进行殴打。其间,普某某猛击李荞明头部一拳,致其头部撞击墙面后倒地昏迷,经送医院抢救无效死亡。同时,对相关责任人予以处罚。

与其他事件类似,"躲猫猫"面对了来自网络等新媒体的"脱域化"舆论监督,然而不同在于,云南方面在压力之下采取了一种比较开明的方式。尽管网民调查委员会没有得到有效结论,但政府的这一大胆举措还是得到了比较广泛的认可,政府形象得到改善。在网络上广为流传的民间版的《2009年十大"网事"》中,只有"躲猫猫"案的危机处理得到了舆论的正面评价。总体来看,这是一次相对成功、且具有开创意义的危机传播管理,其经验值得各地政府借鉴。

---

① 参见陈琰:《从"躲猫猫"事件看网络监督的优势及问题》,《新闻爱好者》2009年第16期。

参考文献

References

邓正来:《市民社会理论的研究》,中国政法大学出版社2002年版。
俞可平:《全球化与公民社会》,广西师范大学出版社2003年版。
俞可平:《权利政治与公益政治——当代西方政治哲学评析》,社会科学文献出版社2001年版。
俞可平:《增量民主与善治》,社会科学文献出版社2005年版。
孙立平:《现代化与社会转型》,北京大学出版社2005年版。
胡联合等:《当代中国社会稳定问题报告》,红旗出版社2009年版。
唐兴霖:《行政组织原理:体系与范围》,中山大学出版社2002年版。
朱崇实、陈振明:《公共政策》,中国人民大学出版社1999年版。
牛文元:《社会物理学理论与应用》,科学出版社2009年版。
梁敬东:《缺席与断裂——有关失范的社会学研究》,上海人民出版社1999年版。
王沪宁:《政治的逻辑》,上海人民出版社1994年版。
林尚立:《中国共产党执政方略》,上海社会科学院出版社2002年版。
赵鼎新:《社会与政治运动讲义》,社会科学文献出版社2006年版。
唐娟:《政府治理论》,中国社会科学出版社2006年版。
李林、田禾:《中国法治发展报告蓝皮书(2010)》,社会科学文献出版社2010年版。
张国良:《传播学原理》(第二版),复旦大学出版社2009年版。
张国良:《新闻媒介与社会》,上海人民出版社2001年版。
喻国明:《变革传媒——解析中国传媒转型问题》,华夏出版社2005

年版。

刘建明等:《舆论学概论》,中国传媒大学出版社2009年版。

刘行芳:《西方传媒与西方新闻理论》,新华出版社2004年版。

邵培仁:《政治传播学》,江苏人民出版社1991年版。

谢新洲:《网络传播理论与实践》,北京大学出版社2004年版。

蒋宏、徐剑:《新媒体导论》,上海交通大学出版社2006年版。

匡文波:《手机媒体概论》,中国人民大学出版社2006年版。

李金铨:《大众传播理论》,三民书局1988年版。

李良荣:《当代世界新闻事业》,中国人民大学出版社2002年版。

郭镇之:《跨文化交流与研究——韩国的文化和传播》,北京广播学院出版社 2004年版。

胡百精:《危机传播管理流派、范式与路径》,中国人民大学出版社2009年版。

史安斌:《危机传播与新闻发布》,南方日报出版社2004年版。

高波:《政府传播论》,中央民族大学2006年博士学位论文。

张洁:《社会风险治理中的政府传播研究》,复旦大学2010年博士论文。

段小平:《全球治理民主化研究》,中共中央党校2008年博士论文。

徐晓明:《全球化压力下的国家主权——时间与空间向度的考察》,复旦大学2003年博士论文。

卞清:《民间话语与政府话语的互动与博弈——基于中国媒介生态变迁的研究》,复旦大学2012年博士论文。

查尔斯·蒂利、西德尼·塔罗:《抗争政治》,译林出版社2010年版。

查尔斯·蒂利:《社会运动:1768—2004》,上海人民出版社2009年版。

西德尼·塔罗:《运动中的力量:社会运动与斗争政治》,译林出版社2005年版。

塞缪尔·亨廷顿:《第三波:20世纪后期民主化浪潮》,上海三联出版社1998年版。

塞缪尔·亨廷顿:《变化社会中的政治秩序》,上海人民出版社2008年版。

L·科塞:《社会冲突的功能》,华夏出版社1989年版。

乌尔里希·贝克:《风险社会》,译林出版社2004年版。

艾尔东·莫里斯:《社会运动理论的前沿领域》,北京大学出版社2002年版。

安德鲁·查德威克:《互联网政治学:国家、公民与新传播技术》,华夏出版社2010年版。

芭芭拉·亚当、乌尔里希·贝克、约斯特·房龙:《风险社会及其超越:社会理论的关键问题》,北京出版社2005年版。

迈克尔·里杰斯特:《危机公关》,复旦大学出版社1995年版。

J·S·密尔:《代议制政府》,商务印书馆1982年版。

W·兰斯·班尼特:《新闻:政治的幻像》,当代中国出版社2005年版。

安东尼·吉登斯:《现代性的后果》,译林出版社2000年版。

詹姆斯·C·斯科特:《弱者的武器》,译林出版社2011年版。

麦克奈尔:《政治传播学引论》,新华出版社2005年版。

丹尼斯·麦奎尔:《大众传播理论》(第五版),清华大学出版社2010年版。

保罗·莱文森:《手机——挡不住的呼唤》,中国人民大学出版社2004年版。

阿尔温·托夫勒:《托夫勒著作选》,辽宁科学技术出版社1984年版。

J·赫位特·阿特休尔:《权力的媒介》,华夏出版社1989年。

哈罗德·伊尼斯:《帝国与传播》,中国人民大学出版社2003年版。

奥格尔斯:《大众传播学:影响研究范式》,中国社会科学出版社2000年版。

尼葛洛庞蒂:《数字化生存》,海南出版社1997年版。

凯斯·桑斯坦:《网络共和国:网络社会中的民主问题》,上海人民出版社2003年版。

古斯塔夫·勒庞:《乌合之众——大众心理研究》,广西师范大学出版社2007年版。

埃弗雷特·M·罗杰斯:《创新的扩散》,中央编译出版社2002年版。

Singhal. A. (2001). *Facilitating Community Participation through Communication*, New York: UNICEF.

Chafee, Z. (1947). *Government and Mass Communication*. The University of Chicago Press.

Frissen(1999). *Politics. Governance and Technology, A Postmodem Narrative on the Virtual State*. UK: Edward Elgar Publishing Limited.

R. B. Westbrook (1991). *John Dewey and American Democracy*, Ithaca, New York: Cornell University.

Charles W. Kegley (1995). *American Foreign Policy: Pattern and Process*. NY: St. Martin's Press, Inc.

后　记

从2005年第一次讲授"领导干部媒介素养"讲座算起,我从事政府公共传播的教学与科研至今已经是第10个年头了。2011年,传播学系开始设置"公共传播"教学与科研模块,我负责其中"政府公共关系"课程。对于理论层面的研究积累基于两次课题研究经历。一次是2009年主持南京市委宣传部的委托项目"政府对外传播";一次是2010年参与教育部哲学社会科学重大攻关项目《网络群体性事件的引导与防控对策研究》,并主持其中子课题《网络群体性事件中政府议程管理创新研究》。这些经历,都为本书提供了丰富的养分和启迪。

本书的完成算是对我过去10年来在政府公共传播领域教学与科研的一个总结。对于政府传播方面的研究相对已经比较多了,为了不浪费读者的时间,我对自己的要求是尽可能少说废话。因此,本书并没有追求体例上的完备,而是就自己感兴趣、有所思的地方谈一下看法。

我的学生曾培伦、张梅芳、张亮宇、姜晟颖、赵明超、吕芳雅、杨绪伟、谭维旭、李琳、常惠惠等,他们或参与了我的政府公共传播相关研究课题、或参与了我的政府公共关系课堂的讨论,本书的完成离不开他们的贡献。一转眼,他们或走上了教学岗位,或进入了媒体工作,或留校读博,或远赴海外深造……而往昔的欢笑仿佛还历历在目,不能忘记。感谢你,在最美好的时光与我相遇。还要感谢赵高辉博士,本书的完成亦有他的贡献。

最后需要感谢的是李良荣教授。正是李良荣教授将本书纳入到他

后 记

主编的"传播与国家治理研究丛书",才使得这样一部浅陋之作得以面世。

书稿的完成,对我而言,也是一个学习和进步的过程。不少地方肯定还有很多不足。我的电子邮箱为 zcy72@hotmail.com,恳请大方之家不吝赐教,将不胜感激。

朱春阳

2014 年 8 月 23 日

图书在版编目(CIP)数据

新媒体时代的政府公共传播/朱春阳著.—上海：复旦大学出版社,2014.11(2018.7 重印)
(传播与国家治理研究丛书)
ISBN 978-7-309-11074-6

Ⅰ.新… Ⅱ.朱… Ⅲ.国家行政机关-传播媒介-研究-中国 Ⅳ.①D630.1②G219.2

中国版本图书馆 CIP 数据核字(2014)第 253976 号

新媒体时代的政府公共传播
朱春阳 著
责任编辑/章永宏

复旦大学出版社有限公司出版发行
上海市国权路 579 号 邮编：200433
网址：fupnet@fudanpress.com   http：//www.fudanpress.com
门市零售：86-21-65642857   团体订购：86-21-65118853
外埠邮购：86-21-65109143   出版部电话：86-21-65642845
江苏省句容市排印厂

开本 787×960   1/16   印张 16   字数 204 千
2018 年 7 月第 1 版第 2 次印刷

ISBN 978-7-309-11074-6/G·1432
定价：38.00 元

如有印装质量问题，请向复旦大学出版社有限公司出版部调换。
版权所有   侵权必究